PETITS ROBOTS MOBILES

Robotique et modélisme, dans la même collection

Électronique pour modélisme radiocommandé (+ web). 2e éd., Bajcik, Oguic, 216 p., 28 €.
Robotique mobile, 68HC11 et OS dédié (+ web), Duval, 224 p., 29 €.
Petits robots mobiles, Giamarchi, 144 p., 23 €.
Construisons nos robots mobiles (+ web), Giamarchi, 176 p., 24 €.
Robots mobiles programmables (+ CD-Rom), Giamarchi, 240 p., 33 €.
Robots mobiles intelligents, Leidwanger, 240 p., 29 €.
Piloter deux trains miniatures en voie unique (+ web), Montfort, 144 p., 29 €.
Montages pour la gestion d'un réseau de trains miniatures (+ web), Montfort, 184 p., 23 €.
Radiocommande et électronique des modèles réduits (+web), Oguic, 160 p., 25 €.
Modélisme ferroviaire, Tissot, 160 p., 24 €.
Électronique et modélisme ferroviaire, Tissot, 176 p., 22,50 €.

Frédéric Giamarchi

PETITS ROBOTS MOBILES

Étude et construction

2e édition

ETSF
EDITIONS TECHNIQUES ET SCIENTIFIQUES FRANÇAISES

L'auteur tient à remercier les sociétés Sony, Lego et Meccano pour leur aimable collaboration

ISBN 2 10 049514 3
Couverture : Rachid MARAÏ
Illustrations : Alain et Ursula BOUTEVEILLE

AVANT-PROPOS

C'est avec plaisir que j'écris ces quelques lignes : la rédaction d'un ouvrage sur la robotique mobile était pour moi indispensable, en raison de l'absence de livres sur ce sujet dans notre langue.

La conception de mon métier d'enseignant en électronique passe par l'espoir de faire naître des vocations chez mes élèves pour cette science du présent et du futur. Les premières années me permirent de m'essayer aux différentes branches de l'électronique avec mes étudiants. Mais le manque d'intérêt de ces derniers était évident, malgré les sujets pratiques que je leur présentais et qu'ils avaient choisis : amplificateur, alarme auto, etc.

Puis l'année 1995 vit notre école participer à un concours de robotique. Cette année fut mémorable pour beaucoup d'entre nous. Notre groupe se mit au travail et élabora les différentes parties du robot, un dynamisme certain se dégageait. Mon implication n'était pas complète, mais j'exploitais le filon naissant auprès des étudiants de première année qui n'étaient pas prêts pour ce niveau de complexité. Notre robot se qualifia loin devant tous les autres, le dernier mois fut un délire exubérant sur notre victoire à venir, et les médias s'en mêlèrent. Mes étudiants, ne voulant pas être en reste, me mirent à contribution pour écœurer nos adversaires en réalisant des petits robots simples qui répondaient aux règles du concours sur pratiquement tous les points. Un car fut commandé pour amener tous les supporters. Tout le monde eut son heure de gloire et nous avons échoué de peu en finale après un parcours parfait devant des écoles internationales prestigieuses. Les petits robots firent l'admiration de tous.

Pendant les semaines qui suivirent, nous n'avions qu'une envie : recommencer à travailler sur nos robots. Un salon à venir nous permit de structurer notre parcours, aussi bien dans notre esprit que dans notre dialogue auprès des futurs étudiants.

C'est donc tout naturellement vers ce support pratique, ludique et moderne que je décidai d'axer mon enseignement de l'électronique analogique et numérique. Le robot est un outil pédagogique. La technologie évolue vite, mais les fonctions qui régissent un robot ne changent pas.

Depuis, nos étudiants participent régulièrement aux manifestations de robotique en France. Et les salons consacrés aux métiers de demain ou aux orientations post-Bac montrent l'intérêt du public, petit ou grand, pour les différentes réalisations de notre école. Alors renaît l'espoir de donner envie aux plus jeunes de découvrir cette science, mais aussi cet art que constitue la conception d'un robot mobile.

Ce nouveau siècle qui s'ouvre à nous va voir naître des réalisations en robotique mobile plus folles les unes que les autres. La jeune génération va se découvrir un potentiel énorme en moyens pour développer son imagination : dès le plus jeune âge, avec les boîtes de construction Lego, pour découvrir la programmation d'un robot en s'amusant, puis, plus grand, avec la programmation sur la console de jeu Sony de ce bijou qu'est le petit chien AIBO.

Ce livre se veut pédagogique. Il entraîne le lecteur dans la réalisation de petits robots mobiles. La partie mécanique sera commune pour tous les robots et on ajoutera des capteurs suivant le type de comportement que l'on voudra obtenir. Différents capteurs simples seront employés et étudiés. Leur interface avec la partie commune sera également étudiée, des schémas et des circuits imprimés fournis. Des idées ou exercices seront proposés pour inciter le lecteur à imaginer des améliorations ou des comportements plus complexes.

Après un premier chapitre sur la constitution générale des robots, nous étudierons la réalisation de la partie mécanique commune à tous les robots du livre, puis la carte de commande des moteurs commune elle aussi à tous les robots. Les chapitres suivants verront la réalisation de robots de complexité croissante en fonction du capteur étudié ou du comportement recherché. Chaque schéma électronique sera étudié avec soin pour une compréhension par tous. En aucun cas, il ne sera fait appel à des composants spéciaux ni à des montages compliqués.

Chaque chapitre sera structuré à peu près de la même manière : définition de l'objectif à atteindre, recherche d'un capteur approprié, étude du capteur et de son interface, aide à la réalisation de la carte, aide au test de la carte avec maintenance, conclusion par des observations et proposition d'exercices.

Dans cette deuxième édition, nous avons souhaité que les personnes ayant déjà fait le tour de la première puissent évoluer ; nous avons pour cela introduit, en fin d'ouvrage, un peu de programmation. Le chapitre 7, entièrement nouveau, explique l'apport d'un composant programmable, devenu un classique, le PIC16F84. Les deux suivants en proposent deux applications, reprenant des chapitres qui existaient déjà, à l'origine, mais entièrement en analogique.

CHAPITRE PAGE

1 INTRODUCTION

Les robots sont, de toutes les créations humaines, celles qui ressemblent le plus à l'homme, d'où l'attention privilégiée qui leur est portée. Le champ de leurs applications, très largement exploitées, couvre des domaines aussi variés que l'industrie, la médecine, la recherche spatiale ou l'exploration des fonds marins.

L'objet de ce livre est d'expliquer, simplement, ce qu'est un robot et quels sont les éléments qui le composent, la manière dont il fonctionne et quels problèmes particuliers pose sa conception.

1.1 HISTORIQUE

L'histoire des robots remonte à l'Antiquité. Selon la mythologie grecque, Pygmalion, roi de Chypre, s'était épris d'une statuette d'ivoire qu'il avait sculpté. Il demanda à la déesse Aphrodite de l'animer et put alors l'épouser. Le conte pour enfants de Pinocchio raconte l'histoire d'un pantin articulé qui devient un vrai petit garçon. Et l'histoire imaginaire de la créature de Frankenstein est un autre exemple d'une entité créée par la main de l'homme.

L'une des premières réalisations est due au Français Jacques de Vaucanson qui présenta, en 1730, un canard articulé en cuivre capable de boire, manger, cancaner et digérer comme un véritable animal.

Mais ce n'est que dans la deuxième partie du XXe siècle que sont apparues les premières formes utiles des robots.

En 1950, l'Anglais Grey Walter réalisa une machine ayant un comportement autonome. Il s'agissait d'une sorte de tortue mécanique capable de se déplacer. Cette tortue se dirigeait vers toute source de lumière et, en l'absence de lumière, se déplaçait de manière aléatoire. Ce type de comportement est caractéristique d'un animal peu évolué, ou mieux d'un insecte.

En 1960, un projet intéressant fut développé à l'université John Hopkins, aux États-Unis. Il s'agissait d'une plate-forme autonome équipée d'un sonar et d'un œil, dont le seul but était de maintenir ses batteries chargées. Le monde, pour ce robot, se divisait en deux parties : les prises de courant et tout le reste. Pour la première fois, un robot semblait percevoir le monde.

À partir de 1965, plusieurs universités se mirent à construire des robots.

1.2 QU'EST-CE QU'UN ROBOT ?

La robotique est la branche de l'intelligence artificielle concernée par l'étude de systèmes automatiques capables d'une interaction directe avec le monde physique.

On distingue deux groupes de robots, les robots fixes et les robots mobiles. Les robots fixes sont utilisés dans l'industrie pour réaliser des tâches dangereuses (soudure du châssis ou peinture de la carrosserie dans une usine automobile), les robots mobiles pour transporter des charges (depuis les chaînes de fabrication jusqu'aux zones de stockage) ou encore pour transporter le courrier dans les bureaux.

La tache essentielle qui incombe aux robots mobiles est le déplacement dans un environnement connu ou inconnu. Il est donc nécessaire de connaître la position du robot au sein de son univers de façon précise ou relative selon les cas.

La solution pour un robot mobile doit être globale, c'est-à-dire qu'il ne faut pas simplement rendre autonome une plate-forme en oubliant provisoirement l'outil de travail qui l'équipe.

La plupart des recherches sont concentrées sur la reconnaissance de l'environnement immédiat du robot. Des capteurs (infrarouges, ultrasons, laser, caméra CCD) associés à des logiciels adaptés permettent, par la reconnaissance de formes, d'optimiser les déplacements du mobile.

La structure d'un robot mobile

On décompose un robot mobile en trois grandes fonctions : la locomotion, la perception et la décision.

La locomotion

La locomotion se décompose en deux parties : celle qui réalise l'appui vis-à-vis du milieu dans lequel on entend se déplacer et celle qui permet la propulsion. Celle-ci inclut les moteurs et les mécanismes conduisant au déplacement.

Les moyens de déplacement sont nombreux et il convient d'appliquer un traitement différent selon que le mobile est censé se déplacer sur un sol ou bien au sein d'un même milieu (avion ou sous-marin).

Nous ne traiterons que le cas le plus classique concernant les robots qui se déplacent sur une surface.

Les robots à roues et à chenilles

Dans le cas de robots utilisant des roues (ou des chenilles) pour se déplacer, le changement de direction est obtenu soit en faisant varier la vitesse des moteurs associés à chacune des roues latérales, soit en faisant varier l'orientation des roues (véhicules automobiles). Ce changement de direction est présenté sur la **figure 1.1**.

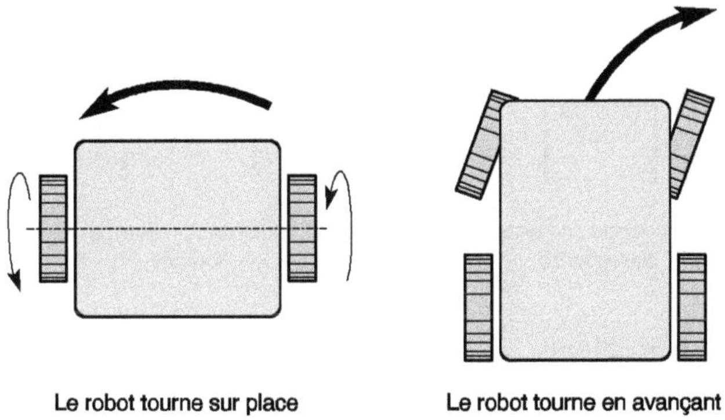

Figure 1.1.
Le changement de direction.

Dans tous les cas, on supposera que la suspension est réalisée soit par des ressorts, soit directement par l'élasticité des roues, ce qui permet de parcourir des surfaces peu accidentées.

Les robots à déplacement articulé

La moitié de la surface de la Terre est inaccessible aux meilleurs véhicules à roues (ou à chenilles), ce qui explique peut-être pourquoi la nature n'a pas inventé la roue... La survie d'un animal est liée à sa capacité d'exploration du milieu qui l'entoure. Les recherches actuelles s'orientent vers l'étude de la reptation et de la marche à une, deux, quatre, six pattes ou plus.

Le nombre de pattes détermine la complexité du système qui les commande. Les systèmes à une ou deux pattes (comme l'homme) ne fonctionnent qu'en mode dynamique, alors que quatre pattes ou plus autorisent un équilibre statique.

La reptation est le moyen utilisé pour progresser dans une galerie. La progression se fait au moyen de ventouses ou de griffes, associées à un allongement des articulations. L'utilisation de tels robots pour contrôler des tuyaux dans les centrales nucléaires a poussé la recherche dans ce sens-là. On trouve différents types de déplacement (**figure 1.2**) : le type scolopendre, le type lombric et le type péristaltique ou à soufflet.

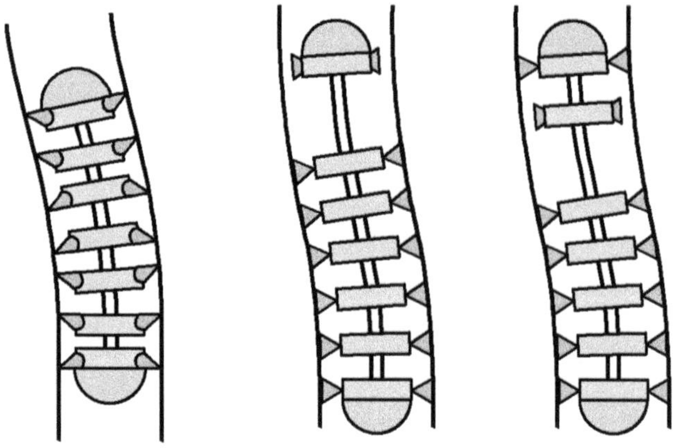

Figure 1.2.
La reptation.

La perception

Cette partie du robot est souvent la plus difficile à réaliser et les recherches dans ce domaine utilisent une plate-forme à trois ou quatre roues pour étudier les problèmes de comportement.

La perception passe par deux étapes successives : la lecture des capteurs, puis le traitement de l'information. L'interprétation, qui permet de délivrer un message clair à la fonction «locomotion», est dévolue à la fonction « décision » du robot.

On peut imaginer la situation d'un robot mobile devant son environnement en comparant celui-ci avec un aveugle qui découvrirait un nouveau lieu. Le robot doit être capable d'analyser un objet localement, puis de positionner globalement tous les objets les uns par rapport aux autres. De cette manière, il construit un modèle de son environnement au fur et à mesure de son exploration.

Les capteurs les plus simples sont utilisés pour une analyse locale (les capteurs de contact, les capteurs de proximité avec ou sans mesure, les capteurs de lumière, les capteurs de pression mouvement), alors que la télémétrie laser ou ultrason autorise l'analyse d'une image simple ou d'un mouvement.

La décision

Les informations en provenance des différents capteurs doivent être interprétées comme autant d'éléments utiles à la prise de décision sur l'action à faire, le but étant de délivrer les ordres corrects aux actionneurs, bras, pinces ou moteurs des roues.

Dans un robot mobile, il est nécessaire de donner des priorités en fonction des informations reçues. Par exemple, si un capteur de contact informe d'un choc sur l'avant, cette information est prioritaire sur un déplacement du robot vers l'avant et doit entraîner un arrêt ou un déplacement dans une autre direction.

On comprend ainsi toute la difficulté à réaliser cette fonction, car c'est elle qui donnera vie à notre robot. C'est lors de cette phase de la conception d'un robot qu'il est nécessaire de lui donner une forme d'intelligence en lui laissant le choix sur l'action à entreprendre. Cette prise de décision est souvent arbitraire au début, mais elle permet de développer une forme d'apprentissage qui tient compte des résultats des décisions précédentes.

Cette fonction est de loin la plus incomplète, car elle tente d'approcher la psychologie animale, voire humaine.

1.3 LA RÉALISATION D'UN ROBOT MOBILE

Les chapitres qui suivent vont vous permettre de comprendre petit à petit le principe des différents capteurs et leurs interfaces associées. La commande des moteurs et la mécanique du robot seront les mêmes pour tous les modèles, mais permettront plusieurs types de déplacement.

En aucun cas il ne sera fait appel à la programmation. Même si la démarche qui est choisie dans ce livre peut sembler timide, les raisonnements étudiés restent valables quelle que soit la technique choisie.

Un capteur nécessite toujours un minimum de composants discrets afin de fournir une information qui puisse être traitée par la commande, que celle-ci soit réalisée par des éléments discrets ou par microcontrôleur. Il en est de même pour la commande des moteurs, qui nécessitera toujours une interface de puissance pour fournir le courant requis par les actionneurs.

L'intérêt de la programmation est de supprimer l'interface décisionnelle, qui devient lourde dès que l'on utilise plusieurs capteurs en même temps, au profit d'un composant unique que l'on programme.

La réalisation d'un robot requiert diverses notions, dont la programmation n'est pas la plus importante.

La compréhension de la constitution générale d'un robot, présentée sur la **figure 1.3,** montre bien que l'ensemble des processus aboutissant à la réalisation d'un robot est une multitude d'études indépendantes les unes des autres. C'est cette démarche que nous avons choisie pour vous guider tout au long de ce livre.

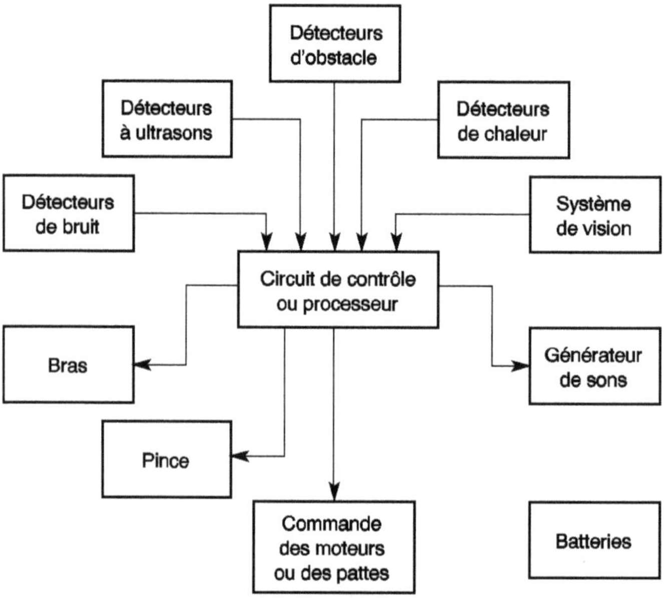

Figure 1.3.
Constitution générale d'un robot.

2.1 CONSIDÉRATIONS GÉNÉRALES

Après avoir vu la démarche globale de l'élaboration d'un robot mobile, il est nécessaire de faire le choix d'un châssis et des actionneurs associés pour sa réalisation.

Parmi toutes les variantes que l'on a citées dans le chapitre 1, il ne faut pas se précipiter vers le robot le plus élaboré, le plus curieux ou le plus beau sans une bonne expérience des mécanismes qui interagissent pour réaliser le mouvement.

La démarche que nous souhaitons initier dans ce livre est un apprentissage des différents moyens que nous avons à notre disposition pour réaliser facilement nos premiers robots autonomes.

2.2 LES DIFFÉRENTS CHÂSSIS POSSIBLES

Qu'entend-on par châssis ?

Faisons une analogie entre les êtres vivants et les robots. Le corps de l'homme comme celui du robot contient ses éléments vitaux. La nature a réparti les êtres vivants en deux catégories : ceux qui possèdent un squelette (l'homme, les mammifères, les oiseaux, les poissons) et ceux qui se protègent par leur carapace, ou exosquelette (les crabes, les coquillages, les insectes).

Un robot ressemble le plus souvent à une boîte en bois, en métal ou en plastique, de forme cubique ou cylindrique. Cette structure protège l'électronique et l'électromécanique des agressions extérieures.

Le châssis du robot supporte les éléments essentiels : les moteurs, les batteries, les circuits électroniques et tous les éléments mécaniques utiles à la tâche requise. Mais les bras manipulateurs, les pattes d'un robot, ou encore certains capteurs ne sont pas à l'abri de la structure et, en cela, les robots se rapprochent des vertébrés.

La forme et la taille d'un robot varient beaucoup et ne sont pas proportionnelles à sa complexité. La forme générale dépend souvent de la composition interne et de la tâche à accomplir. De par leur forme générale, les robots se classent dans différentes catégories :

- les tortues, qui roulent sur le sol et accomplissent une tâche unique ;
- les voitures, qui sont construites sur un châssis de véhicules radiocommandés ;
- les boîtes de conserve, qui ressemblent à « R2D2 » de *La Guerre des étoiles* ;
- les bras manipulateurs, associés à une plate-forme du type tortue;
- les androïdes, qui ressemblent à l'homme.

Les matériaux

Parmi les différents matériaux que l'on peut utiliser pour réaliser le châssis d'un robot, l'aluminium et l'acrylique sont les plus appréciés.

L'aluminium présente de nombreux avantages. Ce matériau existe en plaque, en équerre, en tube carré ou rond, ou sous d'autres formes encore. L'aluminium est léger, facile à travailler, à usiner, à découper et à percer, mais il nécessite quelques outils particuliers que l'on ne trouve que dans les ateliers de mécanique : cisaille mécanique ou électrique pour les grandes plaques d'aluminium et plieuse. De plus, il permet de réaliser un châssis très solide. Il est cependant assez cher en petites quantités.

Le plastique (acrylique, voir **photo 2.1**, ou plexiglas) est aussi un matériau très utilisé en robotique. Il présente, lui aussi, de nombreux avantages. Malgré l'inconvénient de son prix (comme pour l'aluminium), il peut être travaillé facilement avec des outils classiques (une scie sauteuse, une perceuse et une décapeuse thermique pour arrondir ou plier) et assure une bonne solidité générale. Différentes épaisseurs et couleurs existent, qui peuvent améliorer la solidité et l'esthétique d'un robot.

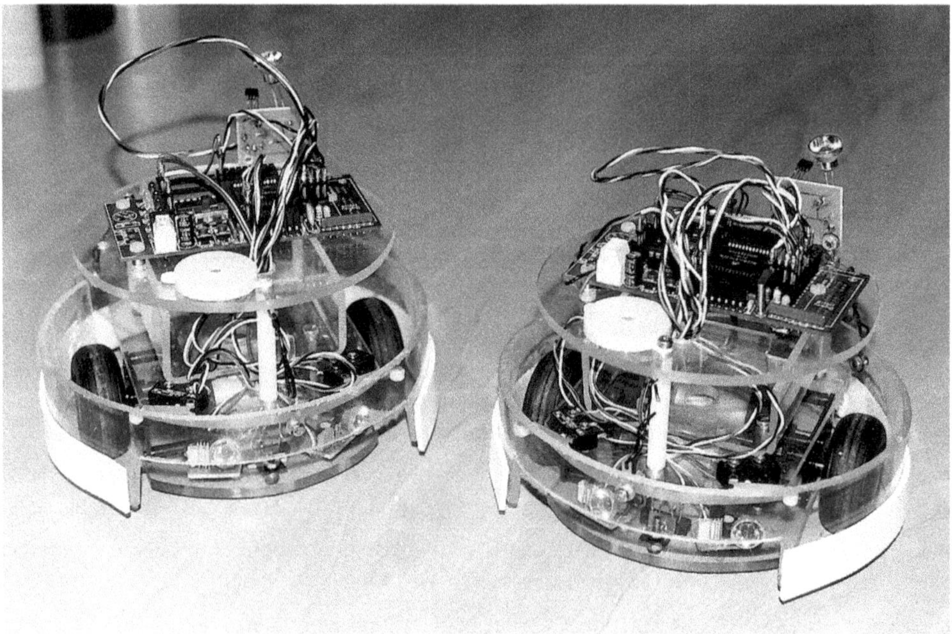

Photo 2.1.
Les robots Sumo réalisés en acrylique.

Parmi les matériaux que l'on peut encore utiliser pour réaliser le châssis d'un robot, le bois présente un bon compromis entre sa facilité à être travaillé et sa solidité. Il possède une bonne isolation électrique, malgré l'inconvénient de son poids.

L'acier est utilisé aussi pour renforcer les angles et pour les axes de roulement, mais son prix est élevé.

Les premiers robots sont souvent réalisés avec des matériaux de récupération. Allez faire un tour du côté des grossistes pour récupérer des chutes d'aluminium ou d'acrylique.

2.3 L'ÉNERGIE

Alors que les animaux mangent de la nourriture, qui est transformée en énergie pour les muscles, les organes vitaux et le reste de leur anatomie, les robots se contentent de quelques batteries rechargeables.

Il existe plusieurs types de batteries actuellement dans le commerce. On trouve des batteries rechargeables et non rechargeables, dont les tensions ne sont pas identiques.

Les batteries non rechargeables de tension 1,5 V sont réalisées à partir de piles alcalines. Les batteries au mercure, ou mieux au lithium, sont utilisées pour des applications qui consomment peu d'énergie. Leur utilisation pour les robots mobiles est impensable aujourd'hui car ceux-ci sont de grands consommateurs d'énergie et cela serait trop coûteux à la longue.

Les batteries rechargeables (au cadmium nickel ou électrolytes gélifiés) sont les plus utilisées en raison de leur bon rapport énergie/poids. Ce type de batterie est largement répandu en raison de sa large utilisation dans les télécommandes et systèmes d'alarme, avec une tension de 1,2 V ou 2 V par élément. Suivant la taille du robot, on préférera des batteries au cadmium nickel pour les petits modèles ou des batteries au plomb gélifié pour les gros robots. Lorsque la place est comptée sur un robot, on choisira un accumulateur au NiMH, qui présente une bonne capacité sous une petite taille (format « AA »).

Il existe une alternative aux batteries, il s'agit de l'énergie 220 V accessible facilement par une prise de courant. Ce choix sera fait dans tous les cas où le robot est fixe, ou lorsque son déplacement est limité. On l'adopte lorsque l'on développe un robot du point de vue matériel et logiciel, mais aussi lors des démonstrations qui durent des heures. On évite ainsi la désagréable situation où les piles commencent à se décharger risquant de faire tourner au ridicule la démonstration.

Il est nécessaire dans ce cas-là de disposer d'une alimentation de laboratoire avec tension variable et limitation de courant. Cette alimentation pourra aussi servir à recharger les accumulateurs.

Il existe d'autres formes d'énergie très utilisées sur les machines-outils et qui peuvent être utilisées sur des robots plus gros : il s'agit de l'énergie hydraulique ou pneumatique. Bien qu'elle ait largement montré ses capacités dans l'industrie (les bulldozers), elle se prête mal aux faibles déplacements, donc aux petits automatismes. On pourra se servir de l'énergie pneumatique pour des blocages de robots rapides ou pour projeter un objet, voire le robot lui-même (robot sauteur).

La mise en œuvre de ces autres formes d'énergie nécessite plusieurs éléments tels que : valves, pompes, réservoirs, régulateurs, tuyaux et buses. Tout cela n'étant plus du ressort d'un électronicien, la solution est rarement retenue sur un robot mobile.

2.4 LA LOCOMOTION

Certains robots ne sont pas prévus pour se déplacer. Ils sont équipés de bras qui déplacent des objets à l'intérieur d'une zone de travail. Mais il s'agit alors d'automates, car la plupart des robots sont créés pour agir avec leur environnement. Le déplacement se fait au moyen de roues, de pattes, voire de chenilles. Dans chaque cas, le déplacement est réalisé par un moteur qui fait tourner un arbre, une came ou un levier.

Les roues

Les roues sont le moyen le plus utilisé pour les déplacements d'un robot mobile. Il s'agit d'un choix simple et qui a fait ses preuves.

La taille des roues d'un robot est choisie en fonction des dimensions du robot et aussi de l'imagination du constructeur. Les robots « tortue », dont le châssis est présenté sur la **figure 2.1**, sont équipés de petites roues d'environ 5 cm de diamètre. Les robots peuvent avoir un nombre de roues quelconque, mais deux suffisent pour les rendre déjà mobiles. Dans ce cas, le centre de gravité sera choisi au plus près des deux axes des roues, alors qu'une ou deux roues libres permettront de maintenir le châssis horizontalement.

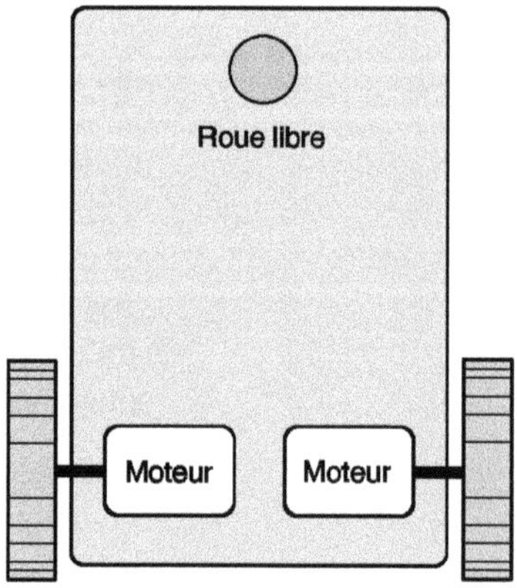

Figure 2.1.
Châssis d'un robot « tortue ».

La roue libre

Le choix d'une roue libre n'est pas aussi évident qu'il y paraît.

La roue libre, comme son nom l'indique, doit être capable de rouler et pivoter sur elle-même (**photo 2.2**). Elle doit, au même titre que les roues motrices, absorber les obstacles du terrain. Le débattement autour de l'axe qui pivote doit être le plus faible possible afin de ne pas gêner le robot dans ses rotations. Le risque de voir le robot bloquer une roue ou glisser est grand si l'on ne fait pas attention.

La solution retenue sur des petits robots qui sont proches du sol, et qui ne laissent donc que peu de place à l'installation d'une roue libre classique, est l'emploi de deux petites billes de verre ou de plastique, percées et montées sur un axe. Les billes glissent lorsque le robot tourne. Le robot doit malgré tout être bien équilibré. Une solution plus facile à réaliser est l'utilisation de vis à tête bien ronde pour un sol parfaitement lisse.

Photo 2.2.
La roue libre.

La motorisation des roues

Les moteurs à courant continu sont les piliers de la robotique. Il est surprenant de voir un petit moteur développer autant de puissance par la magie d'une boîte de réduction. La commande de ces moteurs est réalisée facilement par des interrupteurs électroniques, qui permettent aussi bien le contrôle de la vitesse que le basculement d'un sens de rotation à l'autre.

La robotique fait appel à deux types de moteurs à courant continu. Les moteurs à aimant permanent sont les moteurs les plus classiques, ils permettent de travailler avec des charges lourdes (actionneurs des roues d'un robot). Les moteurs pas-à-pas, qui utilisent une électronique un peu plus compliquée, apportent en revanche une précision de positionnement très utile pour les bras d'un automate.

Le choix d'un moteur plutôt qu'un autre incite à un raisonnement global sur le robot. Les moteurs, qui commandent les roues, ainsi que les batteries, sont les éléments les plus lourds sur un robot. En positionnant les moteurs au mieux sur le châssis du robot, les différents déplacements souhaités seront facilités.

Pour un robot de démonstration, on ne cherchera pas la précision sur les déplacements. Dans ce cas, les moteurs et les roues seront placés à l'arrière du châssis.

Sur un robot manipulateur, la précision de positionnement du robot par rapport à une cible nécessite un centre de gravité proche du centre géométrique du mobile.

Dans tous les cas, il faudra éviter de concentrer le poids du robot sur les roues si on ne veut pas voir celles-ci forcer, ce qui diminuerait l'efficacité, les déplacements et l'autonomie de la plate-forme.

La vitesse du mobile

Le choix de la vitesse est essentiel pour un robot. *A priori*, un robot ne doit pas aller trop vite, afin de rendre plus réalistes ses déplacements. Mais la rapidité d'un robot peut présenter certains avantages : le côté spectaculaire étant le plus apprécié des observateurs, cela permet de masquer des mouvements imprévisibles.

La vitesse en ligne droite d'un robot de démonstration doit être inférieure à 50 $cm \cdot s^{-1}$. Pour obtenir une telle vitesse, on divise la vitesse de rotation du moteur par 60 (lorsque le moteur est alimenté avec sa tension nominale), ce qui nous donne le nombre de tours par seconde. Puis on multiplie le diamètre de la roue par π (3,14). Enfin, on multiplie la vitesse de rotation trouvée plus haut par la circonférence de la roue ; le résultat obtenu est la distance parcourue par le robot en une seconde. Pour obtenir des vitesses inférieures, on préférera utiliser des variateurs de vitesse électroniques plutôt que de modifier la taille des roues.

Les déplacements

En jouant sur les vitesses et les sens de rotation des moteurs, on peut déplacer le robot dans toutes les directions.

En maintenant les vitesses de rotation constantes pour chaque roue et en modifiant seulement le sens de rotation, on peut obtenir : la marche en avant, en arrière, la rotation sur place à droite et la rotation sur place à gauche. Dans tous les cas, le centre de rotation et de déplacement est le milieu de l'axe situé entre les roues.

En jouant uniquement sur les vitesses de rotation, on peut obtenir la rotation autour d'une roue à droite ou à gauche, ou bien encore un déplacement en arc de cercle à droite ou à gauche.

Les pattes

Peu de robots sont réalisés avec des pattes. Le choix du nombre de pattes est une première difficulté, vient ensuite la synchronisation des pattes entre elles pour garder une stabilité aussi bien à l'arrêt que dans les déplacements vers l'avant ou vers l'arrière, puis la difficulté de faire tourner ces « créatures ».

Les robots à pattes présentent une grande mobilité par rapport aux autres robots roulants, et peuvent s'attaquer à des terrains accidentés. Les robots à deux pattes sont très difficiles à contrôler et font l'objet de travaux dans les laboratoires de recherche. Les robots à quatre pattes sont plus simples à équilibrer, mais plus difficiles à faire tourner. Les robots à six pattes sont plus faciles à piloter, car ils sont stables sur trois pattes au minimum et peuvent tourner sur place (**figure 2.2**).

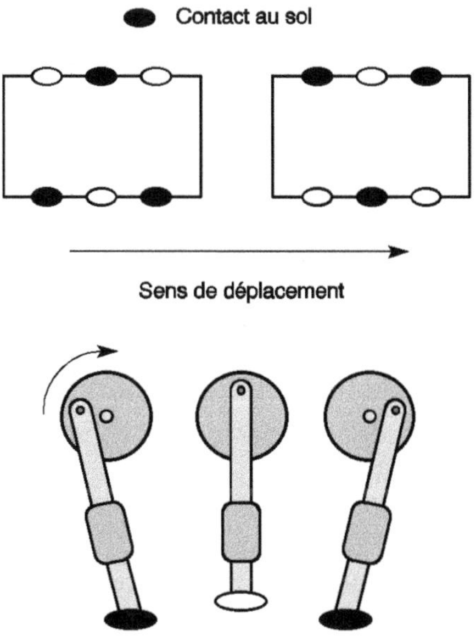

Figure 2.2.
Le déplacement avec 6 pattes.

La réalisation d'un robot à pattes est une expérience à tenter. Les mouvements de ces robots se rapprochent tellement de ceux des insectes (**photo 2.3**) que la satisfaction est grande.

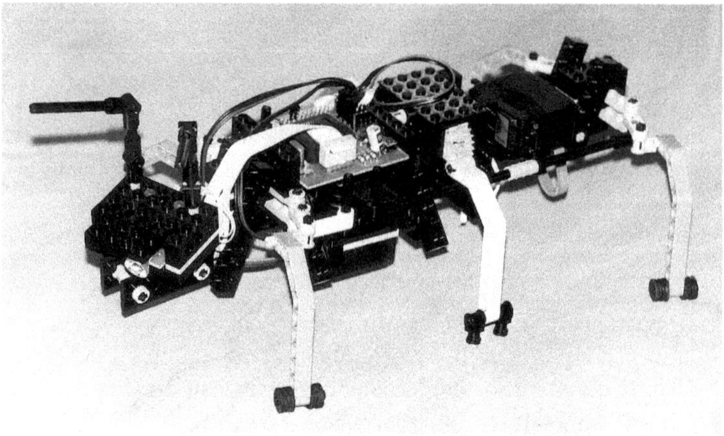

Photo 2.3.
La fourmi.

Les chenilles

L'avantage d'utiliser des chenilles sur un robot réside dans la puissance de la traction, car l'adhérence est excellente, même sur des surfaces glissantes. On choisira d'utiliser ce genre de locomotion uniquement en extérieur, sur des terrains faiblement accidentés dont les obstacles seront inférieurs à la moitié de la hauteur des chenilles.

Le principal problème de ces robots est que la rotation sur place entraîne un glissement du robot, ce qui génère une erreur de positionnement.

Les engrenages

La plupart des moteurs que l'on utilise sur un robot tournent trop vite et n'ont pas assez de couple. Vous pouvez facilement ralentir le moteur en touchant son axe, voire le bloquer complètement.

L'utilisation d'engrenages permet de transformer votre petit moteur rapide mais faible en un moteur plus lent mais avec un bon couple, vous permettant de motoriser des roues, des bras, des pinces, ainsi que d'autres mécanismes. Encore faut-il bien choisir le rapport de réduction depuis le moteur jusqu'à l'axe final où la force agit.

Les pignons réducteurs

Une boîte de vitesse sur un robot mobile consistera donc à choisir le bon rapport de réduction en utilisant des pignons associés les uns aux autres. Différents rapports devront être expérimentés pour arriver à la vitesse souhaitée sur l'axe de la roue ou au couple nécessaire pour que le mobile se déplace sans surcharger les moteurs.

Pour réduire la vitesse d'un moteur, on placera sur l'axe de celui-ci un pignon à faible nombre de dents, puis sur l'axe de la roue un pignon à grand nombre de dents entraîné par le petit pignon. Si le rapport souhaité est grand, alors les dimensions de la boîte de réduction sont proportionnellement augmentées. Cela peut présenter un inconvénient si la place prévue est réduite, et même être inesthétique sur un bras ou une pince. Une solution existe heureusement, il suffit de multiplier les pignons à faible rapport de réduction (**figure 2.3**).

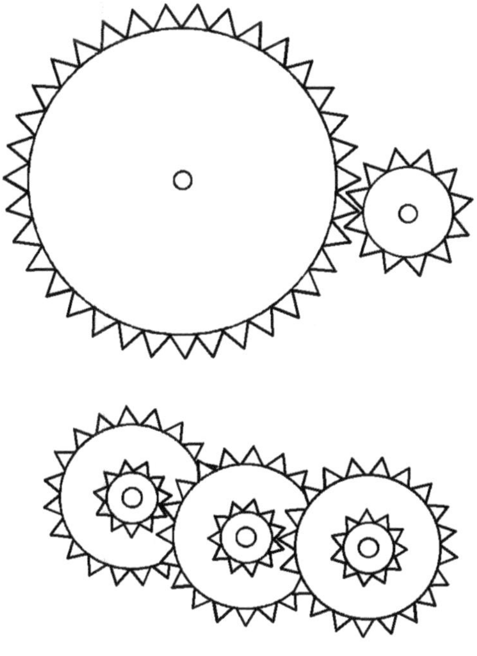

Figure 2.3.
Les pignons réducteurs.

Les vis sans fin

Les vis sans fin permettent de fabriquer des rapports de transformation sur mesure. Il suffit de choisir le nombre de dents d'un pignon pour obtenir le rapport de réduction souhaité.

À chaque tour de la vis sans fin, le pignon associé tourne d'une seule dent. Ce système d'engrenage est plus économique, en taille et en coût, qu'une boîte de réduction classique. D'autre part, il est impossible de faire tourner le système en sens inverse, à savoir que si on exerce une force de rotation sur le pignon, la vis sans fin ne tournera pas. Cela peut donner des idées pour la réalisation d'une pince. Mais la médaille a son revers : les forces de frottements sont élevées et usent les engrenages. La **photo 2.4** montre la vis sans fin du robot que nous allons réaliser.

Photo 2.4.
Vis sans fin.

2.5 LES BOÎTES DE CONSTRUCTION

On aurait tendance à croire, en voyant des robots réalisés au moyen de briques Lego, que de grands enfants s'amusent.

Utiliser des boîtes de construction en robotique est un avantage indéniable pour tester de nouveaux prototypes. La faisabilité d'un déplacement, d'un bras ou d'une manière générale d'un nouveau système est rapidement prouvée.

Parmi les différentes marques des boîtes de construction, quelques-unes se sont fait l'écho de nos espoirs en matière de robotique : Lego et Motor Model. D'autres marques, plus ou moins connues, permettent de réaliser des robots.

Elles ont toutes développé des boîtes spécialisées en robotique, sous des aspects ludiques, avec différents niveaux de complexité allant du simple robot roulant à moteur à élastique jusqu'à la machine à percer 3 axes avec documents pédagogiques pour le professeur et les étudiants. La **photo 2.5** présente un robot marcheur réalisé en Lego.

Le laboratoire de robotique de l'Institut de Technologie du Massachusetts (MIT aux États-Unis) utilise les boîtes de construction Lego pour ses cours de robotique mobile depuis une dizaine d'années. Un partenariat entre le MIT et la société Lego a permis le développement et la commercialisation d'un ensemble de programmation utilisant les différents éléments des boîtes (chapitre 10).

Ces boîtes de construction possèdent tout ce qui est souhaitable pour réaliser des robots intéressants : des moteurs, des engrenages, des axes et des roues, ainsi que des capteurs simples (interrupteur, capteur de lumière, de pression, capteur infrarouge).

Photo 2.5.
Étude d'un robot marcheur en Lego.

L'enseignement à la robotique mobile est associé à des séries de travaux pratiques pendant lesquels les étudiants doivent appliquer les cours sur un projet de robot mobile. L'engouement pour cette forme de pédagogie a entraîné l'équipe pédagogique vers des tests de contrôle sous forme de concours, qui ont lieu dans les locaux de l'université, en fin d'année.

Cette démarche a fait des petits partout aux États-Unis et on voit fleurir, au printemps, des concours de robotique qui ont même débarqué sur notre vieux continent. Le concours télévisé « E = M6 » en France (**photo 2.6**) et d'autres manifestations en Europe prouvent l'intérêt des écoles pour stimuler leurs petits génies.

2.6 LA SOLUTION RETENUE

La solution retenue est évidemment le robot de démonstration. Celui-ci est le plus à même de nous initier aux premières structures d'un robot, c'est-à-dire qu'il sera équipé de deux roues motrices

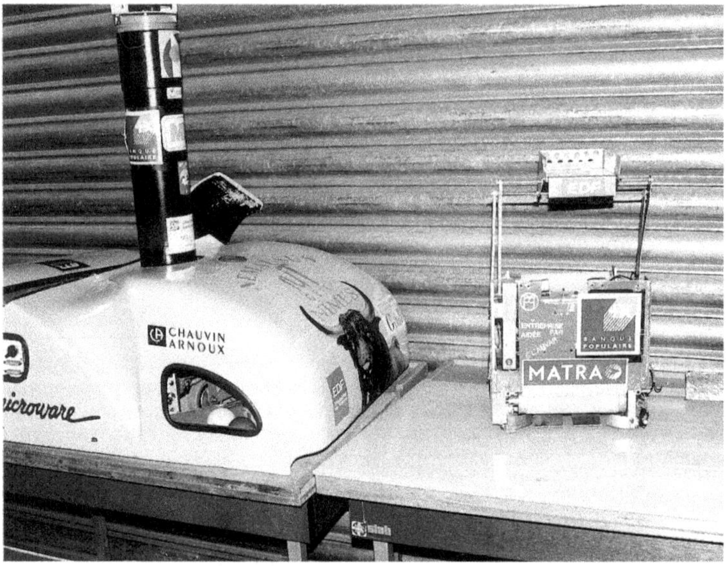

Photo 2.6.
Concours « E = M6 » 1997, 1999.

actionnées par deux moteurs indépendants. Cette partie motrice sera placée à l'arrière, alors qu'une roue libre placée à l'avant maintiendra la plate-forme horizontale. Le pack d'accumulateurs est placé entre les moteurs, les cartes électroniques se plaçant au-dessus.

Le robot devra utiliser des matériaux courants et des mécanismes simples. Il ne faut pas s'attendre à réaliser un mobile esthétique, mais plutôt une plate-forme capable de supporter la mécanique, l'électronique et les batteries de l'alimentation.

Le choix du matériau à employer pour réaliser la base est le bois. Celui-ci est découpé à la main et percé pour recevoir les différents éléments de fixation des moteurs et de la roue libre (vis et écrous) (**figure 2.4**).

Sachant que pour un robot de démonstration une grande vitesse n'est pas souhaitée, on privilégiera un bon couple de démarrage et de croisière en réduisant la vitesse de rotation sur l'axe des roues par un choix d'engrenages appropriés.

Les moteurs choisis sont de marque Meccano pour des raisons d'approvisionnement, mais d'autres moteurs peuvent être utilisés à condition d'adapter ceux-ci au châssis (moteurs Lego, ou moteurs plus standards et engrenages associés).

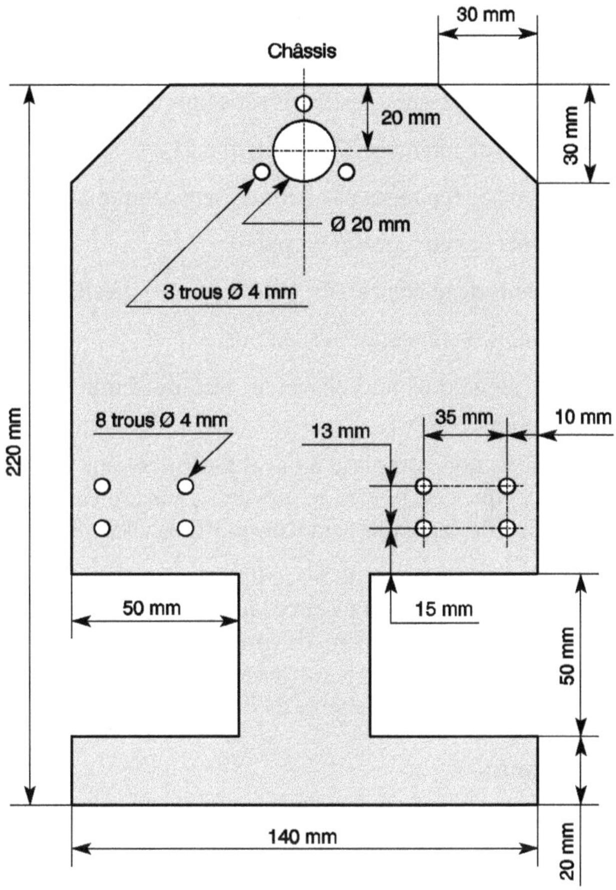

Figure 2.4.
Plan du châssis.

La construction

Parmi les différentes possibilités offertes par la notice des moteurs Meccano, seule la réduction par 57 de la vitesse de rotation permet d'obtenir un couple suffisant pour déplacer le robot avec toute sa charge. Ces moteurs ont des caractéristiques dont il faudra tenir compte lors de l'étude de la carte électronique qui les pilotera :

- tension nominale : 6 V ;
- intensité nominale : 800 mA.

Pour la réalisation, on utilisera les éléments Meccano suivants :

- 2 éléments de référence 700 (moteur) ;
- 6 éléments de référence 9e (plaque coudée 4 trous) ;
- 2 éléments de référence 11a (étrier) ;

- 2 éléments de référence 133a (équerre) ;
- 2 éléments de référence 16 (axe 9 cm) ;
- 2 éléments de référence 32p (vis sans fin) ;
- 2 éléments de référence 27a. p (pignon 57 dents) ;
- 2 éléments de référence 38a (entretoise plastique) ;
- 2 éléments de référence 331n (pneu) ;
- 18 éléments de référence 37b ; 4 éléments de référence 69a (vis) ;
- 18 éléments de référence 37a (écrous).

Il faudra aussi quelques vis et écrous de 4 mm pour tenir l'ensemble au châssis.

La roue libre, que l'on place à l'avant, est une roue de tiroir de petite taille, que l'on pourra se procurer dans toutes les grandes surfaces de bricolage. Elle sera fixée par trois vis de 3 mm.

Il reste encore beaucoup de place libre sur la plate-forme, mais nous placerons les cartes électroniques au-dessus des moteurs. Pour cela, il est nécessaire de prévoir des connecteurs sur lesquels viendront se fixer les cartes électroniques d'un côté et les liaisons vers les autres éléments de l'autre.

Les connecteurs

Parmi tous les connecteurs disponibles pour l'électronique, les seuls qui ont fait leurs preuves de fiabilité dans le temps sont les connecteurs encartables pour cartes électroniques. Comme dans un ordinateur, on pourra changer les cartes pour changer les caractéristiques du robot. Dans la gamme des connecteurs encartables, le modèle choisi possède les caractéristiques suivantes :

- série 928 ;
- 10 points ;
- cosses à souder ;
- pas de 3,96 mm.

On utilise deux connecteurs placés l'un au-dessus de l'autre. Une plaque en forme de U permet de solidariser ces deux connecteurs avec le châssis. La **photo 2.7** montre la solution choisie ; la plaque d'aluminium est percée afin de recevoir les deux connecteurs.

Le connecteur étant repéré de gauche à droite et vu côté composants sur la carte électronique, les broches utiles sont indiquées dans le **tableau 2.1** avec leur affectation. Les cases incomplètes seront remplies dans les différents chapitres concernés.

Photo 2.7.
Les moteurs sur la plate-forme et les deux connecteurs.

Tableau 2.1. Les connecteurs concernés.

Connecteur	**1**	**2**	**3**	**4**	**5**
Carte typique de l'application	+ Batterie			Vitesse gauche	Sens gauche
Carte pour commander les moteurs	+ Batterie	+ Moteur gauche	– Moteur gauche	Vitesse gauche	Sens gauche

Connecteur	**6**	**7**	**8**	**9**	**10**
Carte typique de l'application	Sens droit	Vitesse droite			Masse
Carte pour commander les moteurs	Sens droit	Vitesse droite	– Moteur droit	+ Moteur droit	Masse

Le connecteur étant bien repéré, il vous faut maintenant souder des fils de liaison entre le connecteur et les moteurs d'une part, et le connecteur et la batterie d'autre part.

Il faut bien repérer les fils des moteurs, afin que le robot avance bien lorsque l'on applique la tension positive sur le + Moteur droit (ou gauche) et la tension négative sur le – Moteur droit (ou gauche).

Un interrupteur sera inséré dans le fil qui va du connecteur de l'accumulateur, côté +, vers le + Batterie du connecteur pour les cartes.

La réalisation de la carte

La carte électronique sera donc un circuit imprimé de 90 × 90 mm, avec un connecteur mâle gravé sur un côté (**figure 2.5**). Celui-ci sera obtenu en supprimant les parties hachurées de part et d'autre du connecteur.

Le cahier des charges de cette carte devra imposer que tous les organes de réglage et de visualisation (diodes électroluminescentes témoins et résistances ajustables) soient placés sur le côté opposé au connecteur.

Figure 2.5. **Carte avec son connecteur.**

2.7 QUELQUES RÉFÉRENCES

Les robots présentés ont été réalisés à l'IUT de Nîmes (au département GEII).

Voici quelques sites Internet qui donnent beaucoup d'idées de réalisation :

- *http://el.www.media.mit.edu/groups/el/Projects/constructopedia*
- *http://www.solarobotics.com*
- *http://www.robotstore.com*
- *http://www.lego.com*

N'hésitez pas à naviguer sur les liens proposés et sauvegardez les adresses lorsque vous trouvez des sites intéressants pour y retourner plus tard.

CHAPITRE PAGE

3 LA MOTORISATION

3.1 LA CARTE UNIVERSELLE DE COMMANDE DES MOTEURS

Après le choix de la mécanique et des moteurs dans le chapitre précédent, il faut maintenant définir un cahier des charges pour interfacer les moteurs selon les différentes possibilités d'action de notre robot mobile.

La carte motorisation est une carte d'interface universelle. Elle permet de piloter les moteurs à partir d'une carte de commande caractéristique du fonctionnement souhaité pour le robot mobile (souris, taupe...).

Le cahier des charges

Le cahier des charges de cette carte doit permettre le plus possible de fonctionnements différents pour le robot mobile. La variation de vitesse est réglée indépendamment pour chaque moteur, de même que l'inversion du sens de rotation de chaque moteur.

Les choix technologiques pour cette carte seront dictés par un souci de simplicité afin que les fonctions élémentaires puissent être appréhendées par un plus large public.

À partir du cahier des charges, on établit un schéma fonctionnel puis structurel détaillé. On définit ainsi les caractéristiques de la carte pour fonctionner avec toutes les cartes de commande. On devra aussi fournir un formulaire de maintenance permettant d'effectuer le test et l'entretien de la carte.

Cette approche se veut industrielle, mais sera formelle ; on définit librement les contraintes liées aux actionneurs (moteurs), aux entrées et à l'alimentation :

- connecteur à 10 broches qui regroupent les entrées et sorties ;
- réglage des vitesses indépendant pour chaque moteur ;
- régulation intégrée à partir d'une batterie CdNi ;
- consommation réduite ;
- composants courants et abordables ;
- entrées variables 0 à 5 V pour la vitesse ;
- entrées TTL pour le sens de rotation des moteurs ;
- fonctionnement des moteurs en MLI.

3.2 LE SCHÉMA FONCTIONNEL

Le schéma fonctionnel, présenté sur la **figure 3.1**, fait apparaître la technique choisie pour commander les moteurs et faire varier leur vitesse ; la tension analogique variable en entrée est transformée par un hacheur et appliquée aux moteurs.

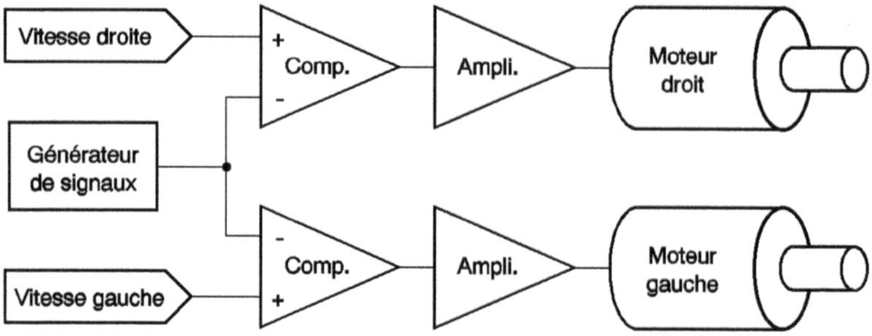

Figure 3.1. **Schéma fonctionnel de la carte de motorisation.**

Les tensions de chaque entrée sont comparées à un signal triangulaire, les résultats obtenus sont deux tensions « hachées », dont les caractéristiques sont une amplitude et une fréquence fixes, et une largeur du créneau proportionnelle aux tensions appliquées sur les entrées.

La modulation par largeur de l'impulsion (MLI ou PWM)

La variation de la vitesse des moteurs à courant continu est obtenue en faisant varier la tension appliquée à ses bornes, avec l'inconvénient que le couple moteur est faible à basse vitesse. Les performances à basse vitesse ne sont pas constantes. La variation s'effectue en utilisant un composant électronique que l'on fait travailler en régime linéaire. Le composant supportant la différence de tension entre la batterie et le moteur, il dissipera une puissance non négligeable et devra être surdimensionné.

Le contrôle de la vitesse par modulation de la largeur de l'impulsion est bien meilleur et plus efficace à basse vitesse. Le composant électronique travaillant en régime bloqué ou passant dissipera peu de puissance, d'où une économie d'énergie et une autonomie plus grande.

Pour cela, le moteur reçoit une tension hachée à ses bornes, dont les caractéristiques sont une amplitude et une fréquence fixes, et une durée du rapport cyclique variable (**figure 3.2**). Le rapport cyclique α se définit comme le rapport entre la durée d'application de la tension pleine sur les moteurs et la période du signal :

$$\alpha = \frac{\text{Temps utile}}{\text{Période}}$$

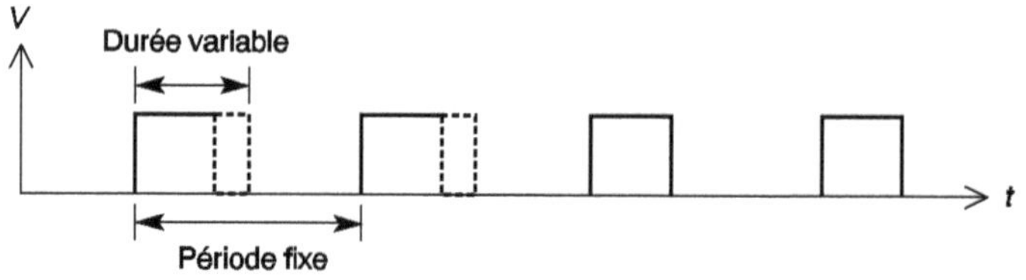

Figure 3.2. **Forme du signal aux bornes d'un moteur.**

La fréquence à utiliser est comprise entre 1 et 2 kHz. Le rapport cyclique varie de 0 (arrêt du moteur) à 100 % (vitesse maximale).

Théorie sur la commande d'un moteur continu

La **figure 3.3** montre le schéma employé pour piloter un moteur à courant continu. Il est des plus classiques.

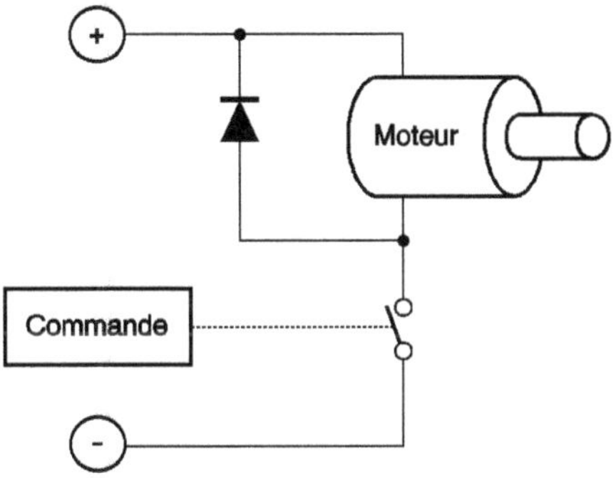

Figure 3.3.
Hacheur pour moteur.

Le moteur étant par nature inductif, il est nécessaire de rajouter une diode de récupération (ou diode de roue libre) pour éviter la discontinuité du courant.

En ce qui concerne l'interrupteur, deux technologies s'affrontent : le transistor bipolaire et le transistor Mosfet. Observons le **tableau 3.1**, qui détaille les avantages et les inconvénients de chaque technologie.

Tableau 3.1. Comparaison entre le transistor bipolaire et le transistor Mosfet.

	Commande	Puissance	Dissipation	Coût
Transistor bipolaire	Courant	Forte	Moyenne	Faible
Transistor Mosfet	Tension	Moyenne	Faible	Moyen

On constate que, hormis leur coût moyen, les transistors Mosfet présentent un net avantage du point de vue de la commande. Mais cet avantage est modéré par le fait que la tension de commande d'un transistor Mosfet ne doit pas être inférieure à une dizaine de volts, au risque que les performances du composant s'en ressentent.

À moins de compliquer le schéma pour obtenir cette tension de commande, il est plus judicieux d'utiliser le transistor bipolaire qui fonctionne, lui, avec un faible courant de commande.

L'inversion du sens de rotation d'un moteur

L'inversion du sens de rotation d'un moteur à courant continu est obtenue simplement en inversant le branchement du moteur. Si le schéma est universel (structure en H), deux techniques là encore s'affrontent. Suivant que l'on souhaite travailler avec un moteur de faible, moyenne ou forte puissance et que l'on souhaite ou non inverser rapidement le sens de rotation, par exemple pour freiner, on utilisera des transistors ou des relais (**figure 3.4**).

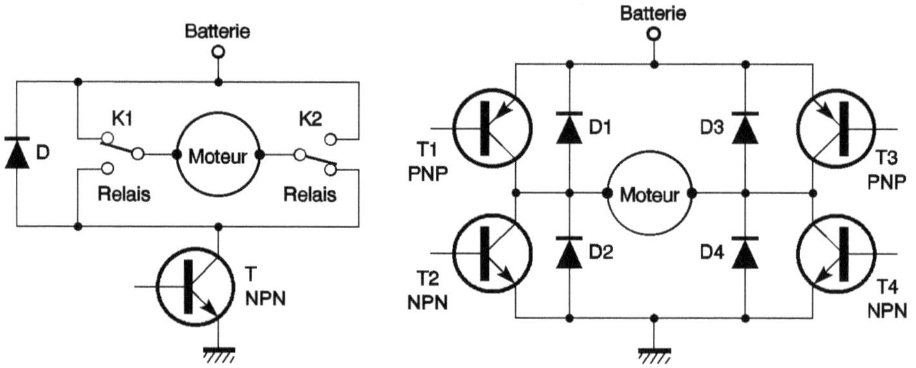

Figure 3.4.
Structure en H à relais et à transistors.

Avantages et inconvénients de chacune des deux techniques

L'avantage principal des relais par rapport aux transistors est qu'il n'y a pas de chute de tension dans les relais pour les puissances employées. Cette économie est profitable à tout système alimenté par batterie. À l'inverse, l'inconvénient principal de la solution à transistors est qu'elle entraîne un choix particulier du moteur en fonction de la tension batterie et des chutes de tension dans les transistors ou inversement, qu'elle force à surdimensionner la batterie pour compenser les chutes de tension aux bornes des transistors. Inconvénient supplémentaire, la structure à transistor est plus compliquée à commander du fait que deux transistors opposés doivent être conducteurs en même temps. Il est recommandé de se procurer un circuit intégré qui réalise cette fonction, mais le coût et la disponibilité ne sont pas des facteurs encourageant cette solution.

Les inconvénients des relais sont leur lenteur à basculer, qui entraîne une usure des contacts si on ne prend pas la précaution d'attendre que l'énergie du moteur se soit dissipée dans la diode de récupération (ou de roue libre).

Le choix des relais qui a été fait ici tient plus compte de la simplicité du concept que de la performance, d'autant plus qu'une batterie de 6 ou 7,2 V ne permet pas le fonctionnement correct d'une structure à transistor avec les moteurs choisis.

L'alimentation

Cette fonction n'apparaît pas dans le schéma fonctionnel et sera détaillée dans le paragraphe suivant, mais il faut noter les besoins caractéristiques du schéma. Le fait de piloter des moteurs qui tirent leur énergie directement d'un pack d'accu entraîne des variations importantes de la tension de la batterie lors des pointes de courant de démarrage des moteurs ou des variations de vitesse de ceux-ci.

La solution radicale à ce problème consiste à séparer l'alimentation de la commande de celle des moteurs, en utilisant deux sources différentes d'énergie. Cette solution n'est pas envisageable ici du fait du coût et de la simplicité recherchée.

On choisira de réaliser une régulation de tension au plus près des besoins, sans recourir à des composants sophistiqués.

Compléments

Une fonction spéciale doit être prévue sur le schéma, donnant la possibilité de régler la vitesse uniquement par la carte de motorisation et non par la carte de commande. L'intérêt de cette fonction est de simplifier la carte de commande lorsque celle-ci n'a pas à piloter les moteurs en vitesse mais seulement leur sens de rotation.

On parlera de deux modes de fonctionnement de la carte de motorisation : le mode test et le mode normal. En mode normal, toutes les entrées sont utilisables (variation de vitesse et du sens de rotation) et en mode test, seules les variations du sens de rotation sont possibles.

3.3 LE SCHÉMA STRUCTUREL

La **figure 3.5** présente le schéma structurel de la carte de motorisation.

Le générateur de signal triangulaire

Un générateur de signal triangulaire (**figure 3.6**) est d'abord un générateur de fonctions qui peut délivrer un grand nombre de formes différentes. Certains circuits travaillent à fréquence fixe, et il y en a d'autres dont on peut modifier la fréquence sur une large plage.

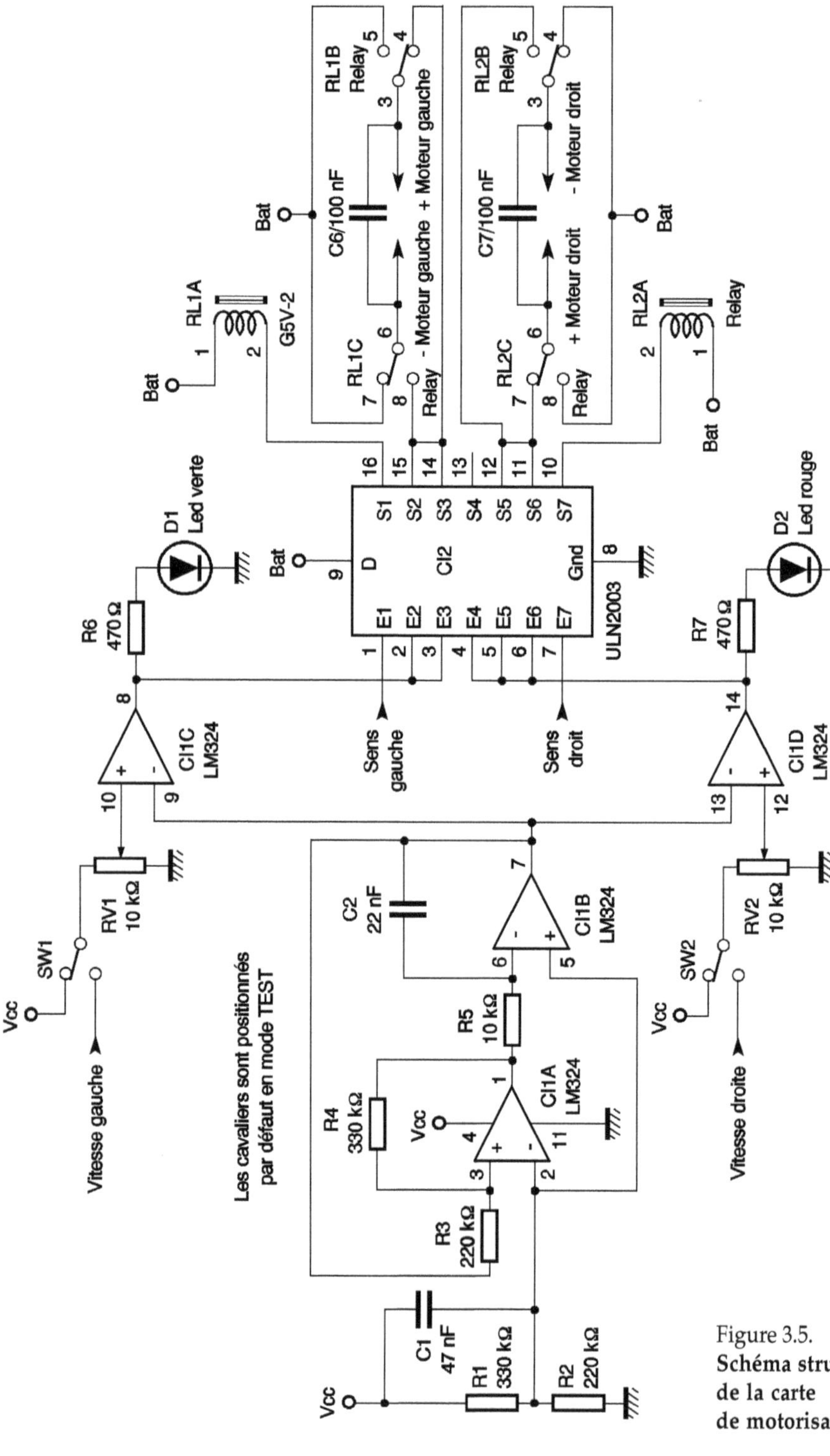

Figure 3.5.
Schéma structurel de la carte de motorisation.

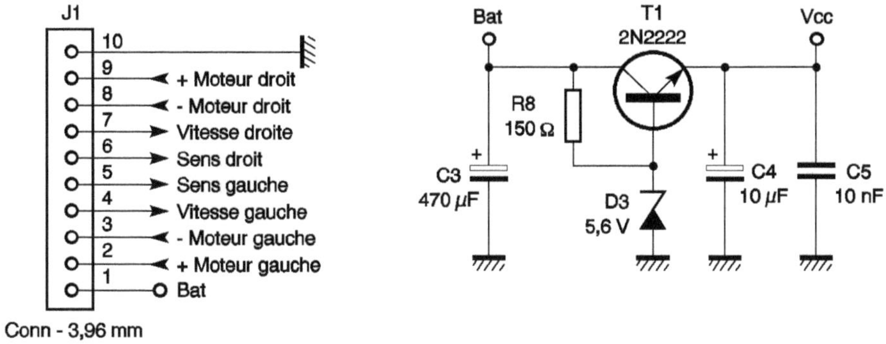

Figure 3.5 (*suite*).
Schéma structurel de la carte de motorisation.

Dans l'application qui nous intéresse, on génère à la fois un signal carré et un signal triangulaire.

Pour l'intégrateur, on a :

$$V_2 = \frac{1}{R_5C_2}\int V_1 dt$$

Le seuil du comparateur vaut $\pm \frac{R_4}{R_3} V_{sat}$.

La fréquence du signal s'exprime par :

$$f = \frac{R_4}{4R_3R_5C_2}$$

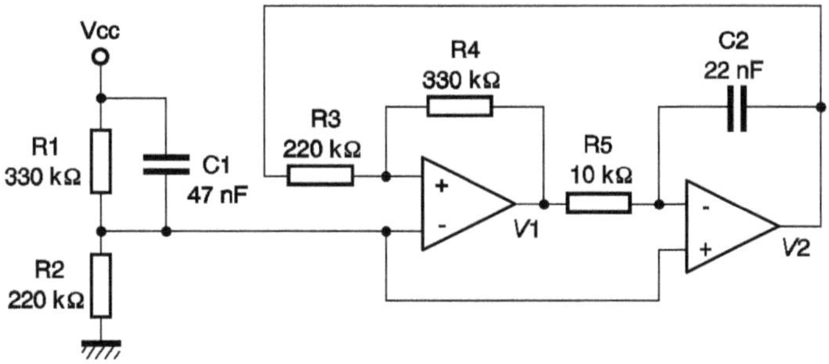

Figure 3.6.
Générateur de signaux triangulaires.

La partie gauche est un comparateur à hystérésis dont l'entrée inverseuse est polarisée par le pont diviseur de tension R_1, R_2. Cette technique permet d'utiliser une source d'alimentation unique. La capacité C_1 permet de bloquer le fonctionnement du montage pendant environ 10 ms, ce qui a pour avantage de garantir que le démarrage des moteurs n'intervient que lorsque tous les circuits du robot sont opérationnels. En sortie du comparateur, on trouve un signal carré d'amplitude proche de la tension d'alimentation, qui est intégré par l'amplificateur opérationnel de droite. Le résultat est un signal triangulaire en sortie, dont les caractéristiques dépendent des composants du schéma. R_3 et R_4 permettent de régler l'amplitude du signal en sortie alors que R_5 et C_2 déterminent le domaine de fréquence du montage.

Une simulation de cette partie nous permet de constater que le signal carré a une amplitude de 3,6 V, soit environ 1 V de moins que la tension d'alimentation (voir **figure 3.7**), ce qui réduit l'amplitude du signal triangulaire de 0,6 à 3 V, soit 2,4 V crête à crête. La fréquence des signaux est d'environ 1,7 kHz.

Le modulateur de largeur d'impulsion

En utilisant un comparateur avec un signal triangulaire sur l'entrée inverseuse et une tension analogique sur l'entrée non inverseuse, on obtient un signal carré en sortie, de fréquence fixe égale à la fréquence du signal triangulaire. Mais la largeur de l'impulsion dépend de l'amplitude de la tension d'entrée (voir **figure 3.8**).

La consigne de vitesse en entrée du comparateur peut venir de deux sources différentes suivant que la carte fonctionne en mode test ou en mode normal. Le mode test permet le réglage de la vitesse sur la carte elle-même, par le biais des deux résistances ajustables de 10 kΩ, lorsque les cavaliers sont positionnés pour ce mode. Sinon, le mode normal permet le réglage de la vitesse par le connecteur lorsqu'une carte de commande caractéristique d'un comportement souhaité du robot est connectée. On constate que même dans ce mode, nous pouvons encore agir sur la vitesse globale.

Les amplificateurs de courant

Les sorties des comparateurs peuvent commander directement une Led mais pas un moteur, même de faible puissance. Il est donc nécessaire d'amplifier le courant par un transistor. Pour cela, nous allons utiliser un deuxième circuit intégré qui contient sept transistors identiques à fort gain en courant, dotés chacun d'une diode de roue libre pour les charges inductives, et pouvant être pilotés par un signal de type TTL. Il s'agit du circuit ULN 2003, qui convient parfaitement ici puisque nous devons commander deux moteurs et deux relais. On répartira les transistors en fonction des puissances à commander, le constructeur du composant indiquant la possibilité de mettre deux transistors ou plus en parallèle pour augmenter le courant dans la charge.

La régulation de tension

La tendance pour les régulations de tension consiste à utiliser un régulateur de tension 5 V type 7805. Mais ici, on ne dispose pas des 3 V supplémentaires pour un fonctionnement correct de celui-ci.

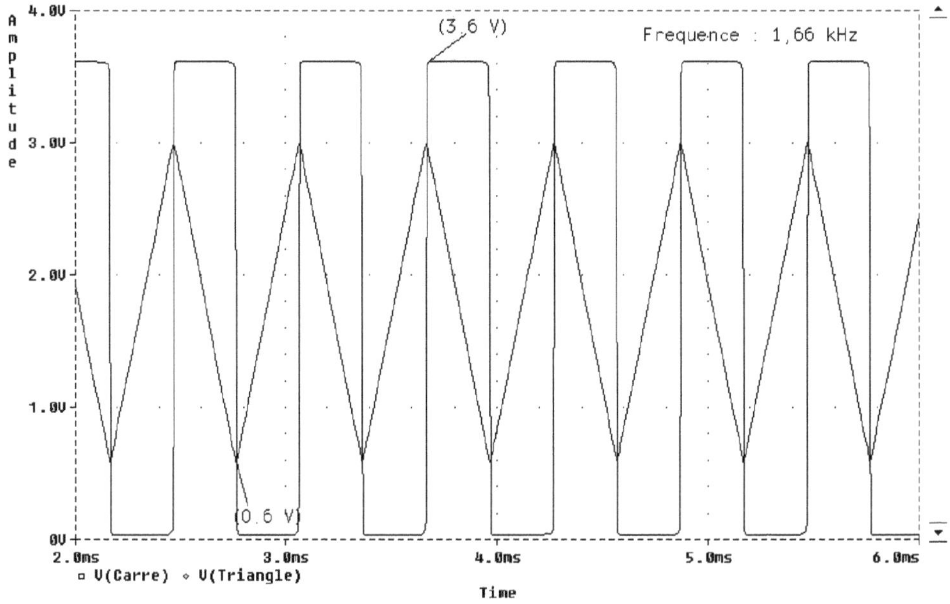

Figure 3.7. **Forme des signaux du générateur.**

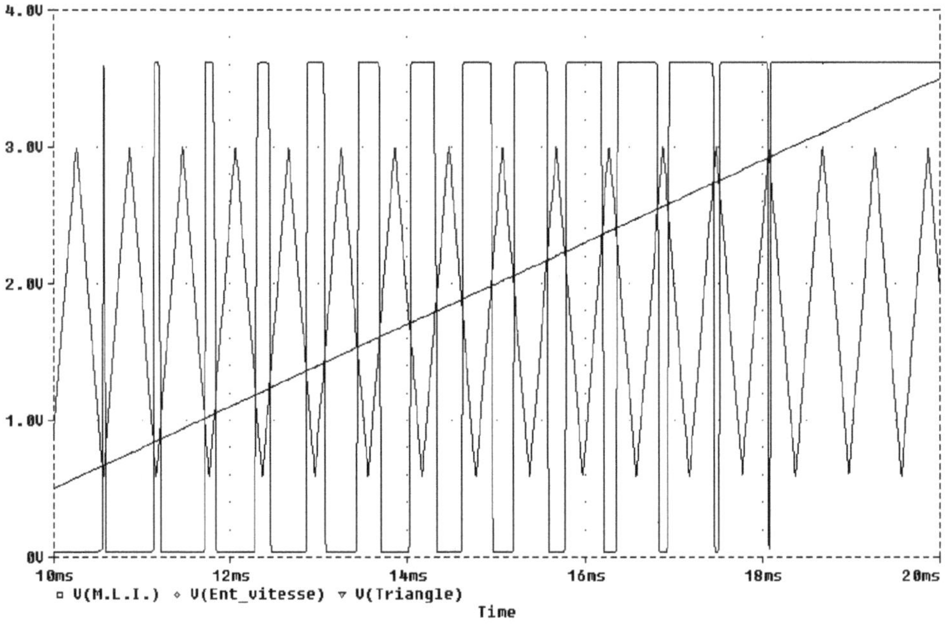

Figure 3.8. **Modulation de largeur d'impulsion.**

En conséquence, on devrait employer un modèle spécial à faible chute de tension entre l'entrée et la sortie, du type LM 2940 CT 5, ou réaliser cette régulation avec des composants discrets. C'est cette dernière solution que nous avons choisie (**figure 3.9**).

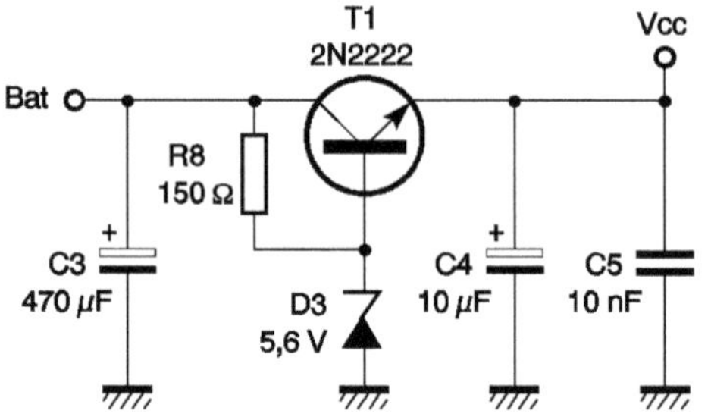

Figure 3.9.
La régulation de tension.

Le transistor 2N2222 est utilisé pour fournir le courant requis par le montage, la tension sur son émetteur est garantie par la diode Zener polarisée par la résistance R_8. La tension V_{BE} étant une constante de l'ordre de 0,6 V, V_s est fonction de la tension de la diode Zener choisie :

$$V_s = V_{Zener} - V_{BE}$$

Ici, V_{Zener} = 5,6 V, d'où V_s = 5 V. Cette valeur sert à alimenter le reste du montage. La capacité C_3 sert à limiter la variation de la batterie, C_4 et C_5 jouent le rôle de réservoir pour la tension régulée, C_5 pouvant répondre à des besoins plus rapidement que C_4, mais moins longtemps.

3.4 LA RÉALISATION DE LA CARTE

Le dessin du circuit imprimé de la carte de motorisation est visible sur la **figure 3.10**. La vue d'implantation associée est reproduite sur la **figure 3.11**.

Comme pour tout montage électronique, vous commencerez par percer tous les trous du circuit imprimé avec un foret de 0,8 mm, puis, avec un foret de 1 mm, les trous pour les composants ayant des broches plus importantes, comme les *switchs* SW_1 et SW_2, les résistances ajustables RV_1 et RV_2 et le condensateur C_5. Ensuite, vous souderez les composants passifs, *straps*, *switchs*, résistances et condensateurs, ainsi que les deux supports de circuits intégrés et les deux supports des relais qui auront été modifiés pour tenir compte des broches utiles des relais. Puis vous terminerez par les éléments actifs, transistor, diode et Led. On ne placera les circuits intégrés et les relais qu'après avoir effectué les différents tests qui suivent.

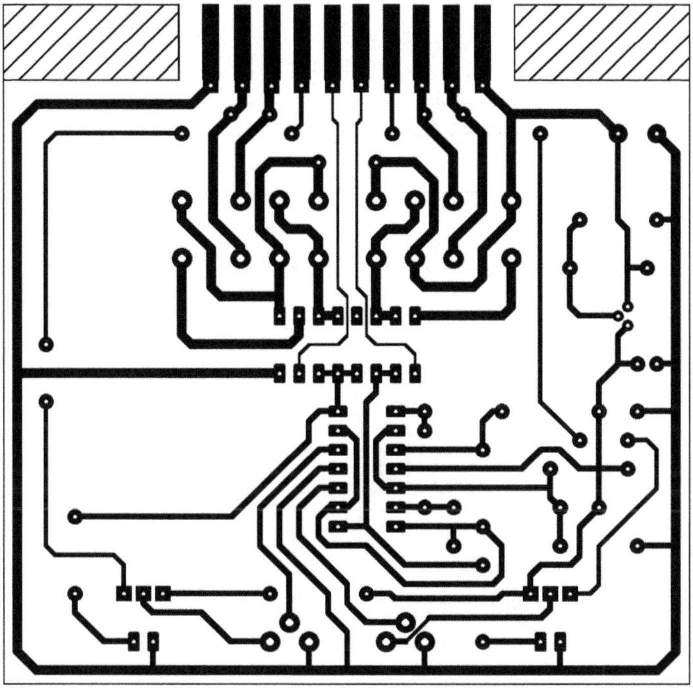

Figure 3.10. **Circuit imprimé de la carte de motorisation.**

Tests et maintenance

On commencera à placer les résistances ajustables en position médiane, ainsi que les cavaliers en position test sur SW_1 et SW_2. Après avoir placé la carte dans le connecteur sur le châssis du robot et basculé l'interrupteur pour commuter la tension d'alimentation sur la carte, on pourra commencer à mesurer les différentes tensions sur les points de test. Les mesures sont regroupées dans le **tableau 3.2.** Toutes les tensions sont mesurées par rapport à la masse sur la carte.

Tableau 3.2. Tensions mesurées aux points de test.

Point de mesure	4 de CI 1	2 et 5 de CI 1	10 et 12 de CI 1	9 de CI 2 et 3, 5, 8 de RL1 et RL2
Tension mesurée	5 V	2 V	2,5 V	+ Batterie

Après avoir mesuré et vérifié toutes les tensions, on placera le circuit LM 324 et, à l'aide d'un oscilloscope, on observera un signal triangulaire sur la broche 7 du composant, puis le signal MLI sur les broches 8 et 14. On vérifiera qu'en faisant varier chacune des résistances ajustables RV_1 et RV_2, on observe la variation du rapport cyclique sur les sorties en question. À défaut d'oscilloscope, on doit observer la variation linéaire de la lumière issue de chaque Led.

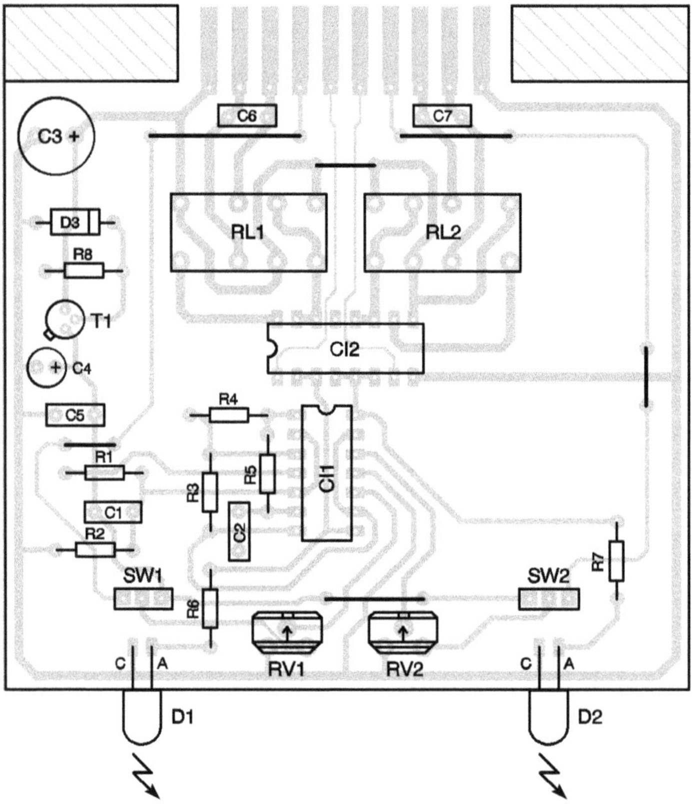

Liste des composants

Résistances :
R1, R4 = 330 kΩ
R2, R3 = 220 kΩ
R5 = 10 kΩ
R6, R7 = 470 Ω
R8 = 150 Ω
Résistances variables :
RV1, RV2 = 10 kΩ
Condensateurs :
C1 = 47 nF
C2 = 22 nF
C3 = 470 µF
C4 = 10 µF
C5 = 10 nF
C6, C7 = 100 nF
Semi-conducteurs :
D1, D2 = 2 Led (rouge et verte)
D3 = Zéner 5,6 V
T1 = 2N2222
CI 1 = LM 324
CI 2 = ULN 2003
Divers :
RL1, RL2 = 2 relais 5 V
JP1, JP2 = 2 cavaliers
2 *switchs* (une barrette sécable coupée en 2 morceaux de 3 points)

Figure 3.11.
Implantation des composants de la carte de motorisation.

Si différents problèmes sont apparus lors de ces tests, on pourra incriminer le circuit intégré ou une mauvaise soudure.

On terminera en plaçant le circuit ULN 2003 et les deux relais. Le robot doit être opérationnel maintenant. Le réglage final consiste à régler RV_1 et RV_2 pour faire avancer le robot en ligne droite. On ne pourra tester le fonctionnement des relais qu'en présence d'une carte de commande qui les pilote (voir chapitre suivant). On peut constater que, sans signal de commande sur les entrées sens de rotation du connecteur, les deux relais sont au repos et le robot avance.

3.5 OBSERVATIONS ET DISCUSSIONS

Pour résumer ce chapitre, nous devons garder en mémoire que la commande d'un moteur à courant continu doit s'opérer par la technique du découpage de la tension aux bornes du moteur, appelée MLI (PWM en anglais).

Si l'on dispose d'une tension d'alimentation supérieure à 10 V, on peut remplacer avantageusement les relais par un pont à transistors Mosfet.

Pour faire évoluer notre montage de manière intéressante, il sera nécessaire d'y ajouter un peu d'intelligence sous la forme d'un petit composant programmable, tel qu'on peut en trouver dans les variateurs de vitesse pour modèle réduit du commerce. Puis on peut aussi remplacer les moteurs à courant continu par des moteurs pas-à-pas qui possèdent une capacité de positionnement très précise. Mais on rentre alors dans le domaine de la programmation, qui permet des stratégies de déplacement des robots mobiles très élaborées.

Dans le chapitre suivant, nous allons observer un premier comportement simple à partir d'un capteur élémentaire : l'interrupteur.

Simuler un montage

La simulation est le passage obligé avant la réalisation d'un prototype pour les tests en situation et la mise en production. Il y a encore peu de temps, cette possibilité était réservée aux bureaux d'étude disposant de moyens en calculateurs et en logiciels. Mais aujourd'hui, la plupart des fabricants de ces logiciels ont créé des versions pour PC. On peut se procurer des versions limitées gratuites qui sont largement suffisantes pour se faire une idée du fonctionnement d'une réalisation personnelle. Internet est évidemment une des sources où l'on peut se procurer ces logiciels :

- AIM-Spice, uniquement pour la simulation :
  - *http://www.aimspice.com/download.html*
- Microsim dont le fabricant s'est regroupé avec Orcad. Avec d'autres programmes :
  - *http://www.orcad.com/products/pspice*
- ICAP/4, simulation seulement :
  - *http://www.intusoft.com/demos.html*
- Smash 4 Eval, logiciel français de simulation :
  - *http://www.dolphin.fr/*

Les schémas étudiés dans ce livre ont tous été simulés avec la version limitée de Microsim.

Réaliser un montage

Différents fabricants de logiciels de saisie de schémas électroniques et de routage proposent des versions limitées pour évaluation. Parmi ceux-là, de nombreuses versions permettent de réaliser des montages intéressants en taille :

- Areslite et Isislite, logiciels limités par le nombre de liaison :
  - *http://www.multipower-fr.com*
- Eagle 4.15 Lite, programme complet mais limité par la taille du circuit imprimé :
  - *http://www.cadsoft.de*

CHAPITRE PAGE

4 LA TAUPE

Avec la taupe, nous abordons un exemple type de conception expérimentale de robot, le plus simple du monde, qui constitue néanmoins un système complet. Il s'agit d'un robot capable d'explorer une pièce en évitant les obstacles.

Deux robots taupes, définissant chacun un comportement différent, sont présentés sur la **figure 4.1**. Le premier comportement consiste à avoir une trajectoire en ligne droite jusqu'à l'obstacle, puis à reculer et tourner sur la gauche. Avec le second comportement, le robot avance en formant un arc de cercle sur la gauche, puis, lorsqu'il bute contre un obstacle, recule et tourne à droite. Avec cette stratégie, la taupe présente un comportement qui tend à longer les murs.

Lequel des deux robots sortira le premier de la pièce ?

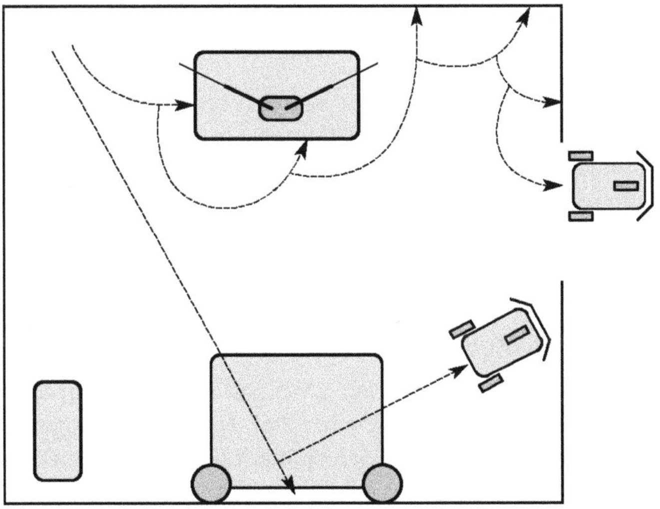

Figure 4.1.
Deux robots identiques ayant des comportements différents.

4.1 LE CAPTEUR DE CONTACT

Détecter une collision ou éviter une collision peut prendre plusieurs formes, mais la plupart des systèmes sont faciles à construire et fournissent des informations simples à traiter et fiables.

Détecter ou éviter une collision

Cette information est souvent méprisée par les concepteurs lors de leurs premières réalisations tellement le signal transmis est simple par rapport aux informations, parfois complexes, des capteurs plus sophistiqués.

Nous sommes tellement obnubilés par certains de nos sens (la vue, l'odorat), que nous en oublions d'autres comme le toucher ou le goût. Or le sens du toucher est le dernier rempart avant les organes vitaux lorsque nos yeux ont été trompés. Il s'agit donc d'une information qui doit être prioritaire sur tout autre signal reçu. Beaucoup d'animaux en sont réduits à n'utiliser que leur sens du toucher pour agir dans leur environnement. La taupe, dans ses galeries, et les petits rongeurs, la nuit, se déplacent en touchant avec leur museau ou en utilisant leurs moustaches comme autant de sources d'informations sur la taille du trou par lequel ils passent ou la nature du mur qui est devant eux.

Sur un robot, le type de contact utilisé, sa position et sa forme sont des éléments essentiels pour garantir l'information la plus proche de la réalité. Il est, de plus, souvent nécessaire de placer ces capteurs tout autour du robot.

Détecter une collision

Détecter ou éviter une collision dépend beaucoup de la nature du capteur utilisé et de sa forme. Pour que le capteur fournisse une information au sujet d'un choc imminent ou d'une collision, il ne suffit pas de choisir un capteur, il faut aussi bien le positionner.

Pour détecter un choc, on utilise deux types de capteurs : le mini-interrupteur et le capteur de pression.

Le mini-interrupteur pare-chocs

Ce type de détecteur de choc n'est rien de plus qu'un bouton poussoir solidaire du châssis du robot. Vous pouvez augmenter la sensibilité de ce capteur en ajoutant un bras de levier et en augmentant la surface de contact par l'ajout d'une pièce large. On trouve ce type de mini-interrupteur vendu tout prêt, avec divers bras de levier, courts, longs, avec roulettes, utilisé en général comme contact de fin de course pour les automatismes à moteurs. Leur fiabilité est supérieure à celle d'une réalisation personnelle à partir d'un bouton poussoir.

Le capteur de pression

Le capteur de pression est un autre moyen de détecter une collision. Il est réalisé simplement à partir d'une mousse conductible où l'on stocke les circuits intégrés CMOS pendant leur transport. Pour réaliser un capteur de pression, on découpe une bande mince de cette mousse conductrice que l'on place entre deux plaques de métal fin (aluminium ou cuivre) reliées par deux fils souples au circuit d'interfaçage (**figure 4.2**).

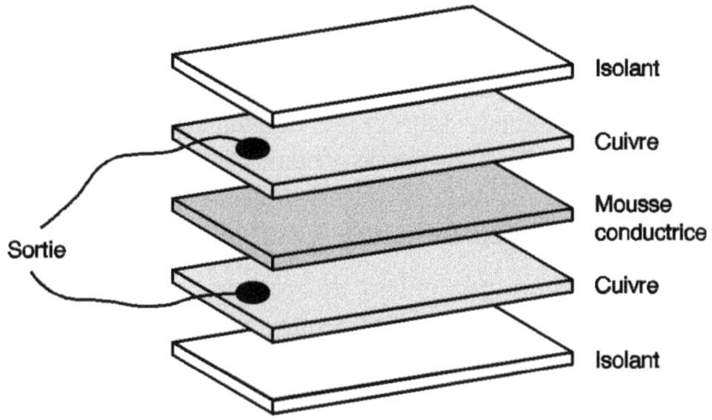

Figure 4.2.
Réalisation d'un capteur de pression.

L'inconvénient de ce capteur est qu'il nécessite un petit circuit pour convertir la pression en un signal électrique simple (**figure 4.3**). La grandeur mesurée est une résistance, variable de 1 à 30 kΩ. On placera ce capteur en série avec une résistance pour former un pont diviseur de tension que l'on comparera avec une tension réglable par une résistance ajustable. La sortie du comparateur basculera, suivant l'état du capteur, de 0 V à la saturation du composant.

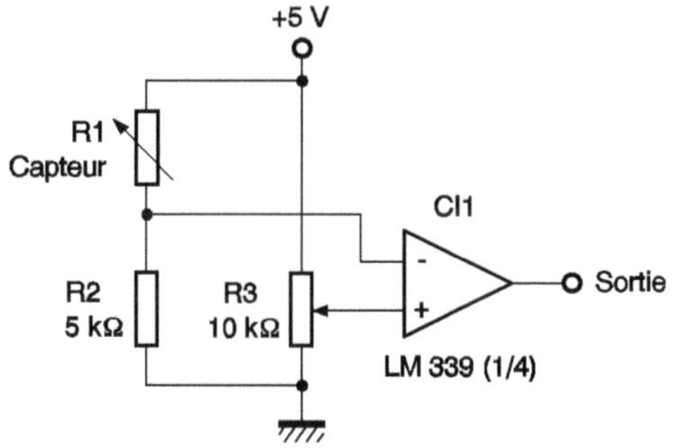

Figure 4.3.
Interface pour capteur de pression.

On peut placer des capteurs de pression tout autour du robot sous la forme d'une ceinture, ou plus simplement sous la forme de plusieurs petites bandes mesurant la pression à différents endroits stratégiques du châssis. Ce type de capteur est utilisé ailleurs sur un robot, pour mesurer la pression d'une pince sur un objet saisi par un bras manipulateur. Dans ce cas-là, la variation de pression est convertie en une variation de tension pour être traitée comme une information essentielle sur la force exercée par la pince sur l'objet saisi.

Éviter une collision

On peut essayer d'éviter une collision en observant l'environnement à une certaine distance. Les capteurs qui permettent cela peuvent être très compliqués ou très simples. Avant de foncer sur le dernier capteur à la mode (une caméra couleur avec reconnaissance de formes), il faut se demander si on ne peut pas résoudre ce problème simplement. La réponse dépend de l'information que l'on cherche. Est-il nécessaire de connaître la forme de l'obstacle et sa couleur ? Non, dans la plupart des cas, savoir qu'il est là suffit pour prendre une autre direction, si c'est cela que l'on souhaite.

Plusieurs capteurs permettent de réaliser cette fonction. Deux techniques sont utilisées : l'infrarouge et les ultrasons. Chaque technique a ses avantages et ses faiblesses, qui seront traitées dans d'autres chapitres. Mais il existe une solution plus simple encore : les moustaches.

Les moustaches

Les moustaches, pour un robot, ne sont que des mini-interrupteurs dont le bras de levier est allongé de 10 à 15 cm pour détecter un obstacle à une certaine distance et ainsi l'éviter (**figure 4.4**). Mais pour cela, la nature de la pièce qui touchera l'obstacle ne doit pas être déformée par celui-ci. On évitera d'utiliser du cuivre et on préféra la corde à piano. Il est parfois plus pratique de réaliser soi-même son capteur avec un petit cercle en métal dans lequel passe une tige qui fait contact avec le cercle quand apparaît un obstacle.

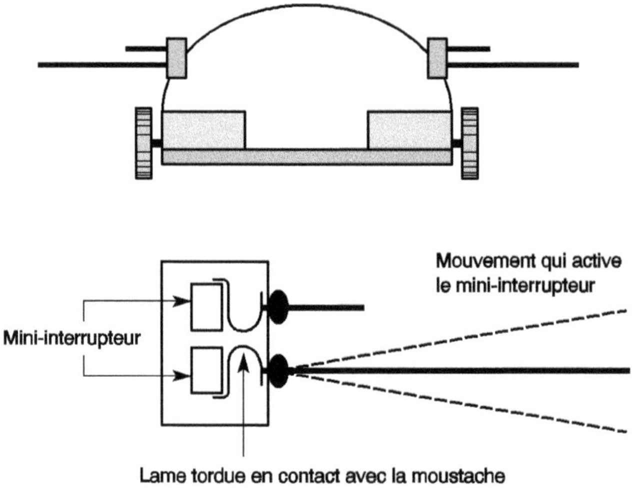

Figure 4.4.
Des moustaches sur un robot.

Les moustaches, toujours par deux, sont très intéressantes pour un robot, car elles peuvent informer sur des obstacles divers. Placées à l'avant, si elles ne touchent pas le sol, elles indiquent la présence ou l'absence de murs. Si au contraire elles touchent le sol dès le départ, alors elles pourront informer le robot de la disparition du sol, due peut-être à une marche ou à une pente qui augmente. En plaçant deux jeux de moustaches de deux tailles différentes sur les côtés d'un robot, vous pouvez détecter si celui-ci pourra passer dans un couloir sans toucher ou s'il devra faire demi-tour.

4.2 LA CONSTRUCTION

Pour la réalisation du pare-chocs, on utilisera les éléments Meccano suivants :

- 1 élément de référence 9 (plaque coudée 11 trous) ;
- 1 élément de référence 2a (plaque 9 trous) ;
- 1 élément de référence 2 (plaque 11 trous) ;
- 1 élément de référence 189 (plaque jaune 3 sur 11 trous) ;
- 2 éléments de référence 147g ; 4 éléments de référence 111c (vis) ;
- 8 éléments de référence 37a (écrous) ;
- 2 éléments de référence 35 (clips).

Il faudra aussi quelques vis et écrous pour tenir l'ensemble au châssis et le mini-interrupteur sur l'ensemble.

La **photo 4.1** vous aidera à construire le pare-chocs. La forme rudimentaire du pare-chocs permet de vérifier le fonctionnement du robot taupe. Des formes différentes doivent être choisies en fonction du châssis. Les robots « sumo » utilisaient une jupe en guise de pare-chocs.

Photo 4.1.
Le pare-chocs.

Enfin, il faudra souder deux fils fins entre le mini-interrupteur (commun et N.O.) et le connecteur : broches 3 (ou 8) et 10. Les nouvelles broches à souder entre le connecteur pour la carte des moteurs et pour la nouvelle carte sont indiquées sur le **tableau 4.1** en grisé.

Il faudra relier ensemble les bornes de chaque connecteur ayant le même intitulé.

Tableau 4.1. Les connecteurs concernés.

Connecteur	1	2	3	4	5
Carte robot Taupe	+ Batterie		Capteur		Sens gauche
Carte pour commander les moteurs	+ Batterie	+ Moteur gauche	– Moteur gauche		Sens gauche

Connecteur	6	7	8	9	10
Carte robot Taupe	Sens droit		Capteur		Masse
Carte pour commander les moteurs	Sens droit		– Moteur droit	+ Moteur droit	Masse

Le capteur étant relié au connecteur, on peut s'attaquer à la carte électronique de gestion du capteur.

4.3 LE SCHÉMA FONCTIONNEL

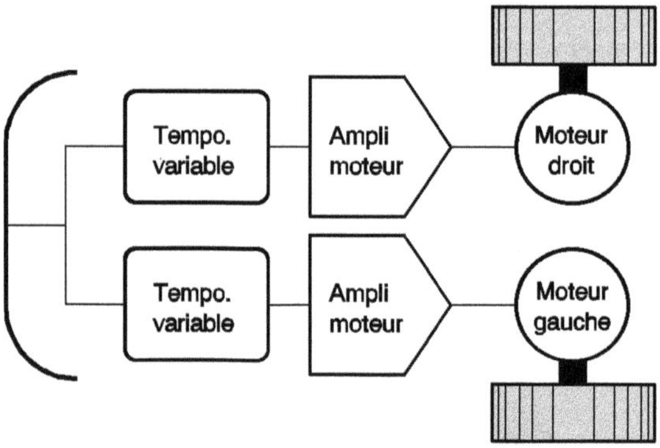

Figure 4.5.
Schéma de principe du robot taupe.

Le schéma de principe, présenté sur la **figure 4.5**, illustre comment le capteur associé au pare-chocs est connecté aux amplificateurs des moteurs. Le signal créé lorsque le capteur détecte une collision est envoyé vers deux temporisateurs associés, chacun à un moteur différent et agissant sur le sens de rotation de chacun des moteurs. La durée de chaque temporisateur est réglable par l'utilisateur, ainsi que la vitesse de chaque roue (sur la carte de commande des moteurs en mode test).

Le fonctionnement du robot taupe

Dans son état stable ou normal, le robot roule vers l'avant, soit en ligne droite, soit en arc de cercle, selon que les vitesses de chaque moteur sont identiques ou non (on verra plus loin l'intérêt que cela peut présenter). Lors d'une collision, les deux temporisateurs sont déclenchés. Cela entraîne une inversion du sens de rotation de chaque moteur et le robot recule. La durée de cette inversion du sens de rotation des deux moteurs est réglée sur deux valeurs différentes : 1 s et 2 s. En conséquence, un moteur va reprendre sa rotation initiale avant l'autre. Cette différence va permettre au robot de tourner sur place vers la droite ou vers la gauche suivant le choix du temporisateur le plus long. Au final, le robot reprendra son exploration vers l'avant, en ayant évité un obstacle sur son chemin. On retrouve sur la **figure 4.6** la forme des signaux correspondant aux différents déplacements du robot.

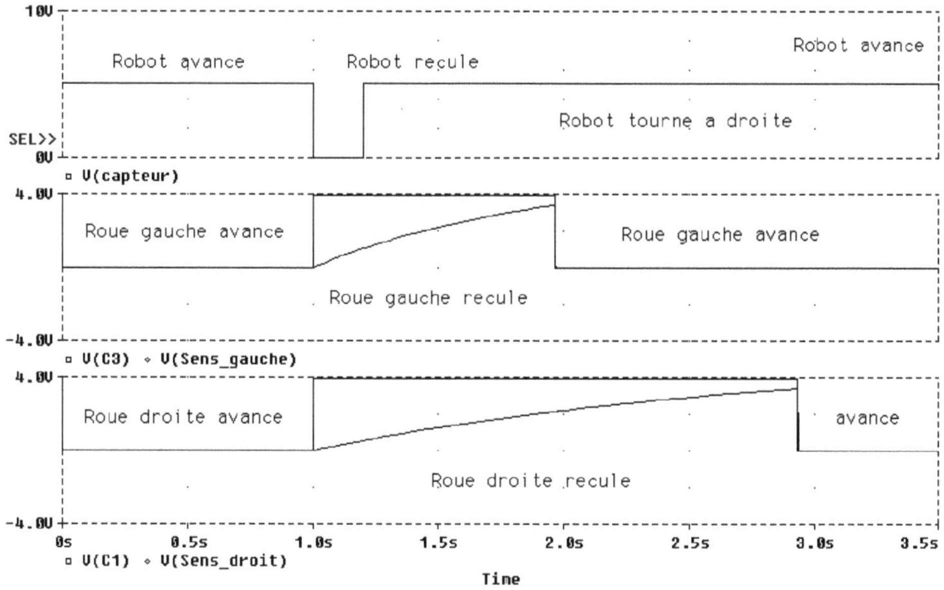

Figure 4.6.
Forme des signaux.

On constate que si l'on joue sur les vitesses de rotation des deux moteurs par la carte de commande en mode test, le robot suivra des trajectoires différentes. Dans le cas d'une pièce qui comporte une porte, le robot qui aura tendance à longer les murs est sûr de sortir de la pièce. Un autre robot qui va en ligne droite ira plus vite d'un point à un autre, mais risque de manquer la porte de sortie.

4.4 LE SCHÉMA STRUCTUREL

Dans ce schéma (**figure 4.7**) a été inclus la fonction « indicateur de batterie » réalisée autour d'un composant hybride TL 431 (appelé Zener programmable). Cette fonction supplémentaire constitue aussi pour le robot un capteur de son état de « fraîcheur ». Ce circuit, qui informe sur l'état interne du robot, est appelé capteur proprioceptif.

Le signal issu du mini-interrupteur associé au pare-chocs déclenche deux temporisateurs identiques qui basculent immédiatement. Chaque temporisateur possède un réglage de la durée de ce basculement.

Le composant utilisé pour cette fonction est le « 555 », très connu et très facile d'emploi. La consommation globale est inférieure à celle qui existe dans le cas d'une solution discrète avec des transistors.

Le temporisateur

Le composant 555 est devenu un standard dans le monde de l'électronique. Ce composant déjà ancien existe aussi en technologie CMOS : le TLC 555 à faible consommation, idéal pour une utilisation sur un robot. Ce composant est utilisé à toutes les sauces, mais c'est dans une de ses deux fonctions classiques que l'on va l'utiliser. La fonction monostable est obtenue facilement autour du 555 par deux composants, une résistance et une capacité, qui règlent la durée du signal de sortie. Le terme monostable vient du fait que la sortie est normalement stable à 0 V. Lorsque la fonction est déclenchée par un signal de commande caractéristique, la sortie quitte son état stable à 0 V pour un état instable de 4 V environ pendant une durée variable, pour revenir ensuite à son état stable.

Mode monostable

Le schéma de branchement du composant dans le mode monostable est dicté par le fabricant (on dit le fondeur maintenant). Les capacités C_2 et C_4 améliorent la stabilité de la fonction.

Tant que l'on maintient les bornes d'entrée capteur (borne de déclenchement) à un niveau supérieur à 1/3 de 5 V (par la résistance R_1 de rappel au 5 V), les temporisateurs restent dans leur

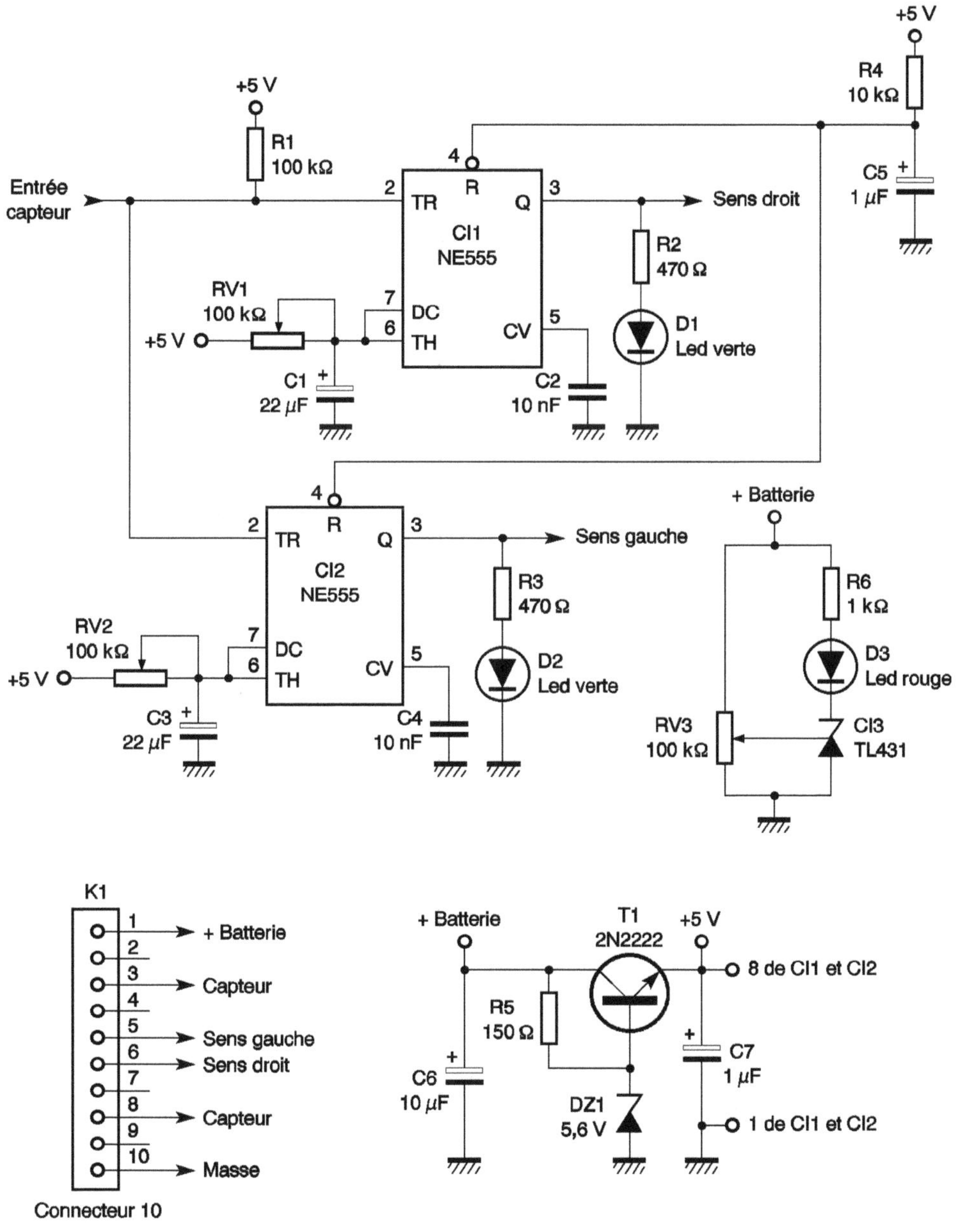

Figure 4.7.
Schéma structurel du robot taupe.

état d'attente et leur sortie est à l'état bas. Lorsque le capteur impose un niveau inférieur à 1/3 de 5 V, les temporisateurs se déclenchent et démarrent leur cycle de temporisation. Les sorties passent à un niveau haut proche de 5 V pendant que les condensateurs C_1 et C_3 commencent à se charger sous 5 V. Lorsque les tensions aux bornes des condensateurs atteignent 2/3 de 5 V, les périodes de temporisation se terminent et les sorties retombent à zéro. Les circuits sont prêts à être redéclenchés. Les durées des impulsions de sortie T_d et T_g sont définies comme étant égales à :

$$T_g = 1{,}1\ RV_1C_1 \quad et \quad T_d = 1{,}1\ RV_2C_3$$

Les deux Led informent sur l'état des fonctions. Un circuit R_4 et C_5 a été rajouté pour bloquer la fonction par son entrée 4 : RAZ (remise à zéro). Cela permet d'éviter les déclenchements intempestifs lors de la mise sous tension du robot.

L'indicateur de batterie

Le composant TL 431 est un circuit intégré réalisant une diode Zener programmable. Lorsque la tension sur son entrée de réglage atteint 2,5 V, le circuit devient passant et un courant peut traverser la Led rouge D_3. En réglant RV_3, on obtient l'extinction de la Led lorsque le pack d'accus est déchargé.

Le régulateur de tension

Comme pour le chapitre précédent, on réalise une régulation de tension en composants discrets. La tension stabilisée de 5 V alimente les deux circuits intégrés par les broches 8 et 1.

La réalisation de la carte

Le dessin du circuit imprimé de la carte de traitement est visible sur la **figure 4.8**. La vue d'implantation associée est reproduite sur la **figure 4.9**.

Comme pour tout montage électronique, vous commencerez par percer tous les trous du circuit imprimé avec un foret de 0,8 mm, puis, avec un foret de 1 mm, les trous pour les composants ayant des broches plus importantes : les résistances ajustables RV_1, RV_2 et RV_3. Ensuite vous souderez les composants passifs : *straps*, résistances et condensateurs, ainsi que les deux supports de circuits intégrés. Puis vous terminerez par les éléments actifs : transistor, diode Zener, Led et CI 3. On ne placera les circuits intégrés qu'après avoir effectué les différents tests qui suivent.

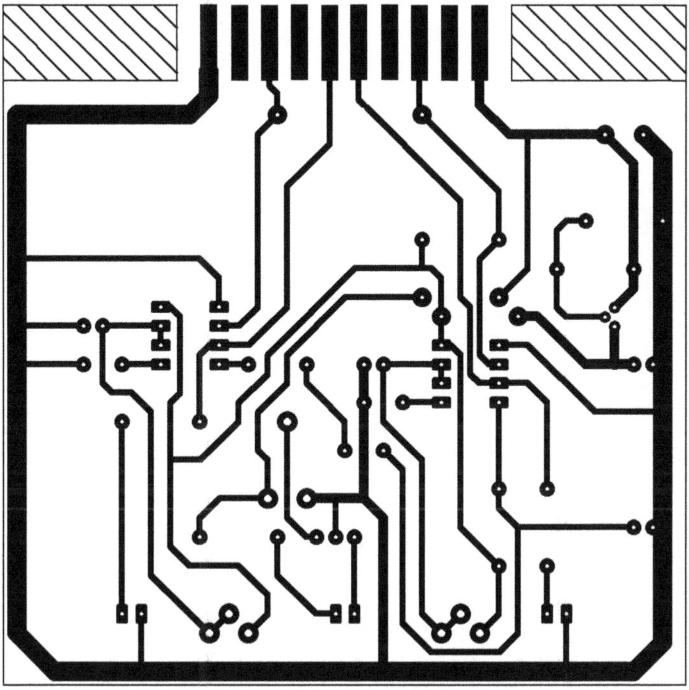

Figure 4.8.
Circuit imprimé du robot taupe.

Tests et maintenance

On commencera par placer les résistances ajustables en position médiane. Ne pas installer la carte de commande des moteurs. Après avoir placé la carte dans le connecteur sur le châssis du robot et basculé l'interrupteur pour commuter la tension d'alimentation sur la carte, on pourra commencer à mesurer les différentes tensions sur les points de test. Les mesures sont regroupées dans le **tableau 4.2**. Toutes les tensions sont mesurées par rapport à la masse sur la carte.

Tableau 4.2.
Tensions mesurées aux points de test.

Point de mesure	8 de CI 1, CI 2	6 et 7 de CI 1, CI 2	Cathode de Dz1	4 de CI 1, CI 2
Tension mesurée	5 V	5 V	5,6 V	5 V

Après avoir mesuré et vérifié toutes les tensions, on placera les circuits LM 555. On touchera le pare-chocs pour déclencher les temporisateurs. On vérifiera qu'en faisant varier chacune des résistances ajustables RV_1 et RV_2, on observe sur chaque Led la durée pendant laquelle les sorties basculent. Si l'on possède un oscilloscope ou un voltmètre, on pourra observer les signaux aux bornes des condensateurs C_1 et C_3 qui correspondent à des charges de capacités.

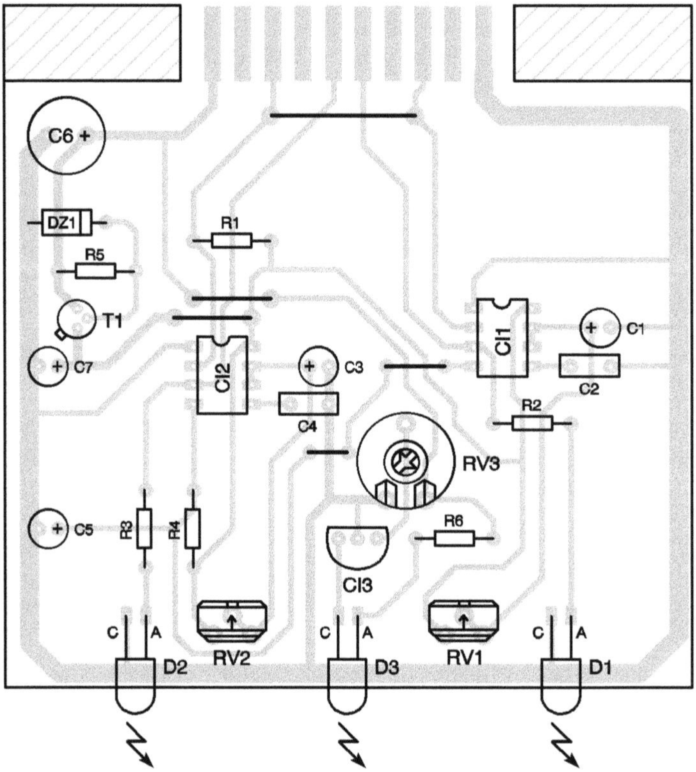

Figure 4.9. **Implantation des composants du robot taupe.**

Liste des composants

Résistances :
R1 = 100 kΩ
R2, R3 = 470 Ω
R5 = 150 Ω
R6 = 1 kΩ
R4 = 10 kΩ
Résistances variables :
RV1, RV2, RV3 = 100 kΩ
Condensateurs :
C1, C3 = 22 μF
C2, C4 = 10 nF
C5, C7 = 1 μF
C6 = 10 μF
Semi-conducteurs :
D1, D2, D3 = 3 Led (2 vertes et 1 rouge)
DZ1 = Zéner 5,6 V
T1 = 2N2222
CI 1, CI 2 = NE 555
CI 3 = TL 431

Si différents problèmes sont apparus lors de ces tests, on pourra incriminer le circuit intégré ou une mauvaise soudure.

On terminera par le réglage de RV_3, à condition de remplacer le jeu d'accus par une alimentation variable réglée sur 6 V (tension aux bornes d'un pack d'accus de 7,2 V déchargé) ou par un pack un peu déchargé.

4.5 OBSERVATIONS ET DISCUSSIONS

L'utilisation du 555 pour obtenir une temporisation permet une solution simple.

L'exercice sur la taupe devrait vous permettre de poser un certain nombre de questions et de stimuler votre imagination. On peut imaginer un système qui bloquerait les fonctions principales lorsque les batteries sont à plat, pour permettre au robot de se connecter à un chargeur placé contre un mur.

CHAPITRE PAGE

5 LA SOURIS

Avec la souris, nous entrons dans le monde du visuel, il ne faut pas pour autant croire que notre robot verra. Les techniques les plus élaborées, à base de caméra, permettent seulement de reconnaître des formes simples et des couleurs contrastées, dans un environnement connu à l'avance. La souris est le nom donné à ce robot qui cherche et suit la ligne, comme une souris chercherait son chemin ou son fromage. Deux robots *souris*, chacun définissant un comportement différent, sont présentés sur la **figure 5.1**. Le premier comportement consiste à suivre une ligne blanche et le second comportement, à suivre une ligne noire. Avec cette stratégie, la souris est capable de voir un contraste clair ou foncé.

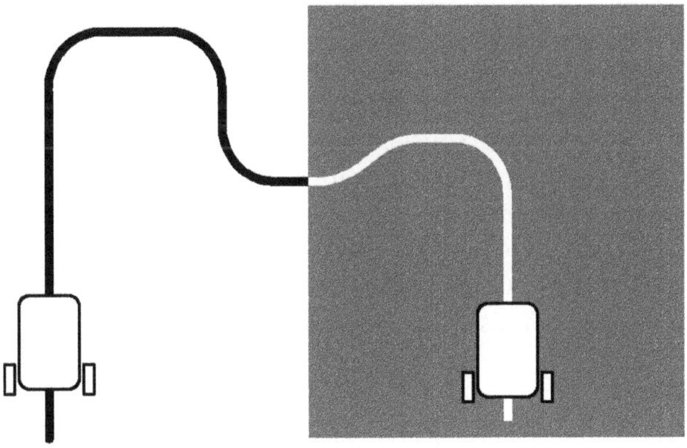

Figure 5.1.
Deux robots identiques ayant des comportements différents.

5.1 LA DÉTECTION DE LIGNE

Peut-on voir une ligne noire sur fond blanc avec un capteur simple ? La réponse est négative, le capteur ne donnera jamais ce type d'information. Et pourtant, en voyant le robot suivre cette ligne, on peut en douter. Qu'en est-il exactement ?

Le capteur infrarouge à réflexion

Le capteur en question est constitué de deux éléments distincts : une diode électroluminescente et un phototransistor infrarouges.

Principe de fonctionnement

Le principe de fonctionnement est simple : la diode émet une lumière infrarouge en direction du sol et le phototransistor reçoit les photons par réflexion sur le sol (**figure 5.2**). Si la distance entre le sol et les éléments, de l'ordre de 4 mm, est respectée, le récepteur fournira une information proportionnelle à la quantité de photons qu'il aura reçue.

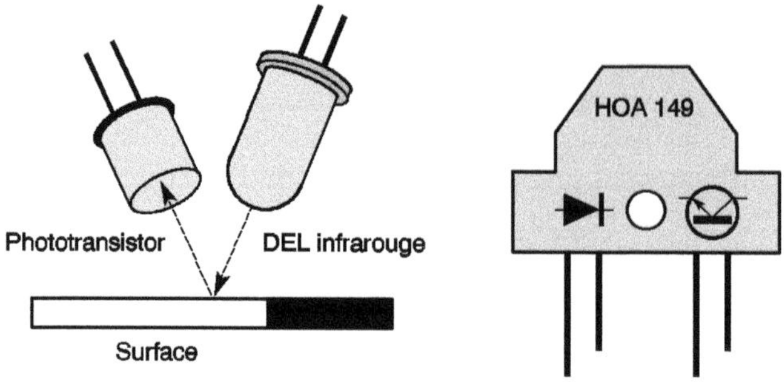

Figure 5.2.
La réflexion.

On peut se procurer les deux éléments séparés ou mieux encore, prendre un module où sont déjà intégrés les deux éléments : le composant HOA 149 est un modèle de boîtier intégrant les deux éléments. Il y a un gros avantage à utiliser le modèle intégré, c'est que l'on n'a pas à se soucier des longueurs d'ondes des éléments du capteur, le constructeur ayant fait le tri lors de la fabrication. En outre, la distance optimale de détection d'une cible est fournie (ici 3,8 mm). Le coût plus élevé du composant par rapport au modèle discret est compensé par le gain de temps lors de l'installation sur le châssis et par la solidité de l'ensemble.

Analyse

On aura compris que la couleur n'a rien à voir dans le fonctionnement du capteur et que c'est sur les qualités de réflexion de la ligne noire et du fond blanc que se fera le choix des pistes.

De nombreux essais ont été menés pour tenter de résoudre ce problème et pour essayer de différencier les couleurs. Nous avons essayé de travailler avec des diodes dans le rouge, dans le vert, de protéger le capteur contre les rayonnements parasites en l'entourant par des jupes. Aucun résultat satisfaisant n'a été relevé avec ce type de capteur.

Il faut donc se résigner à utiliser des couleurs sombres et mates, associées à des couleurs claires et brillantes. Nos démonstrations se font avec des planches de mélaminé blanc et du ruban adhésif noir mat de 2 à 3 cm.

Pourquoi utiliser les infrarouges plutôt que la lumière visible ? La plupart des capteurs à réflexion vendus utilisent les infrarouges car cela permet de filtrer les lumières parasites de la journée, des néons et des projecteurs puissants utilisés pour les démonstrations.

Interface pour les capteurs de réflexion

Il est nécessaire d'ajouter un rien d'électronique pour faire fonctionner les capteurs à infrarouges (**figure 5.3**). En premier lieu, l'élément qui va émettre les infrarouges doit être polarisé par une résistance de valeur assez faible, inférieure à 1 kΩ, et deuxièmement, le récepteur sera chargé par une résistance optimisée pour les cibles (ligne noire et fond blanc). À partir des informations du fabricant, on détermine expérimentalement une valeur de 20 kΩ comme étant la charge optimale des modèles HOA 149. Pour d'autres modèles, les valeurs des résistances de charge se situent entre 10 kΩ et 50 kΩ. Une observation rapide du schéma vous montre l'absence de cette résistance de charge du phototransistor ; on choisit en effet de placer cette résistance sur la carte de traitement des signaux plutôt que sur celle des capteurs. La raison en est simple : on choisit de faire une commande en courant plutôt qu'en tension, la qualité du signal transmis dans ce cas-là étant plus grande. Lorsque le phototransistor est bloqué, c'est la résistance de 20 kΩ sur la carte de traitement qui donne le niveau bas. Lorsque le récepteur devient passant, c'est un courant qui circule vers la carte de traitement et non une tension. Ce mode de fonctionnement garantit un parasitage faible sur les fils de liaisons entre la carte d'interface et la carte de traitement infrarouge.

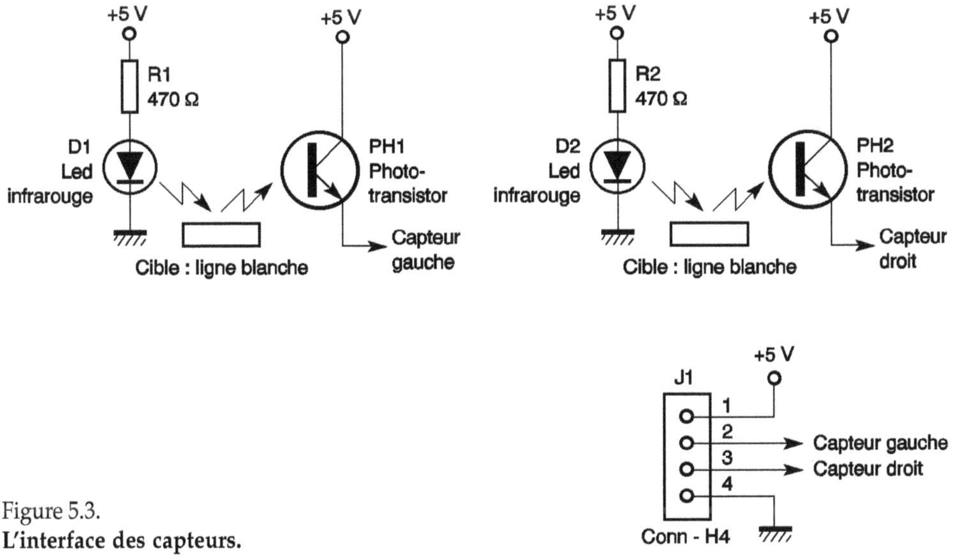

Figure 5.3.
L'interface des capteurs.

On réalise une petite carte électronique qui regroupe les polarisations et les capteurs à réflexion. Cette carte sera équipée de 4 trous de fixation afin de permettre un réglage en hauteur de la carte par rapport au sol.

Deux solutions impliquent deux cartes. La carte avec les composants discrets utilise deux Led à infrarouge, LD 271 ou équivalent, et deux phototransistors, BPW 42, BP 103 ou équivalent. On réalisera une séparation entre les émetteurs et les récepteurs par un morceau de carton ou autre, non conducteur, placé au niveau du pointillé pour éviter le rayonnement direct. La deuxième carte, utilisant les composants intégrés HOA 149 et ne nécessitant pas, elle, de séparation, est plus rapide à réaliser.

Les **figures 5.4** et **5.5** présentent le circuit imprimé et le plan de câblage de l'interface des capteurs.

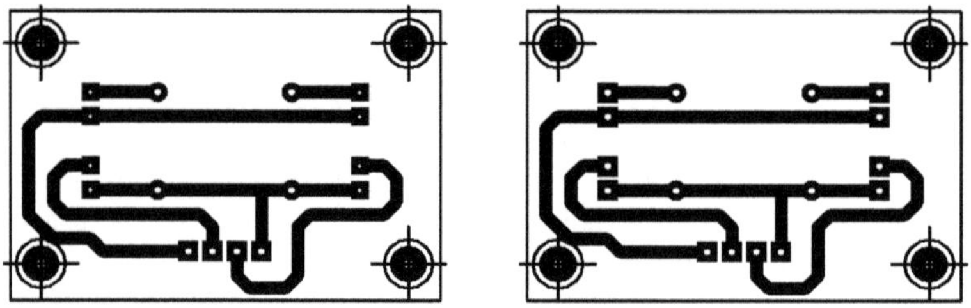

Figure 5.4. **Circuit imprimé de l'interface des capteurs.**

Liste des composants

Résistances :
R1, R2 = 470 Ω
Semi-conducteurs :
2 Led LD271 +
2 phototransistors BPW42
ou HOA149

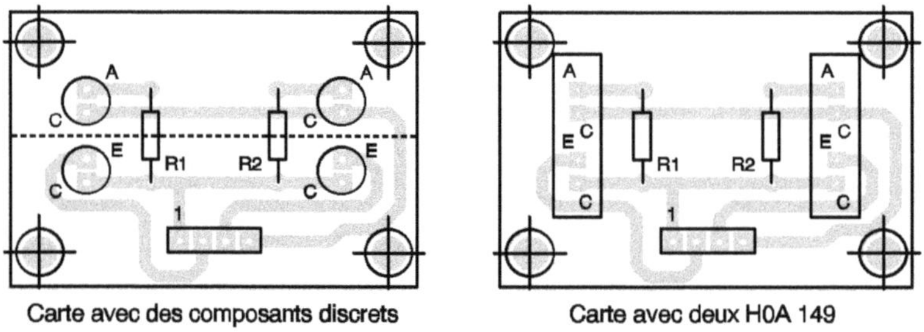

Figure 5.5. **Implantation des composants de l'interface des capteurs.**

5.2 LA CONSTRUCTION

La partie construction consiste à découper un orifice assez large dans le châssis pour faire passer juste les capteurs (**photo 5.1**). La carte électronique est fixée par des tiges filetées qui permettent d'ajuster au mieux la hauteur des capteurs avec le sol. Cette découpe est réalisée le plus possible à l'avant du robot. La qualité du fonctionnement général en dépend.

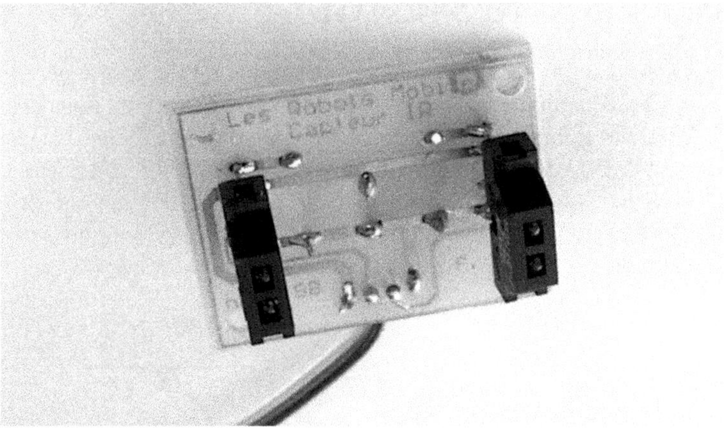

Photo 5.1.
Le capteur.

Enfin, il faudra relier la carte des capteurs avec le connecteur de la carte de traitement. Quatre fils fins sont nécessaires entre le connecteur (bornes 2, 3, 8, 10) et la carte des capteurs. Les broches à souder entre le connecteur et la nouvelle carte sont indiquées sur le **tableau 5.1**.

Il faudra relier ensemble les bornes 1, 4, 7, 10 de chaque connecteur.

Tableau 5.1. Les connecteurs concernés.

Connecteur	1	2	3	4	5
Carte robot souris	Batterie + 7,2 V	+ 5 V capteur	Capteur IR gauche	Vitesse gauche	Sens gauche
Carte pour commander les moteurs	Batterie + 7,2 V	+ Moteur gauche	– Moteur gauche	Vitesse gauche	Sens gauche

Connecteur	6	7	8	9	10
Carte robot souris	Sens droit	Vitesse droite	Capteur IR droit		Masse
Carte pour commander les moteurs	Sens droit	Vitesse droite	– Moteur droit	+ Moteur droit	Masse

La carte de commande des moteurs sera positionnée en mode normal, permettant ainsi la commande des vitesses de rotation de chaque moteur par la carte de traitement.

La carte des capteurs étant reliée au connecteur, on peut s'attaquer à la carte électronique de traitement des capteurs.

5.3 LE SCHÉMA FONCTIONNEL

Le schéma de principe ne tient pas compte de l'interface nécessaire aux capteurs infrarouges (**figure 5.6**). Les signaux issus des capteurs doivent subir un petit traitement avant d'être dirigés vers la carte de commande des moteurs (chapitre 3). Afin que ces signaux soient exploitables par la carte de commande des moteurs, il est nécessaire de modifier la forme de la réponse du capteur.

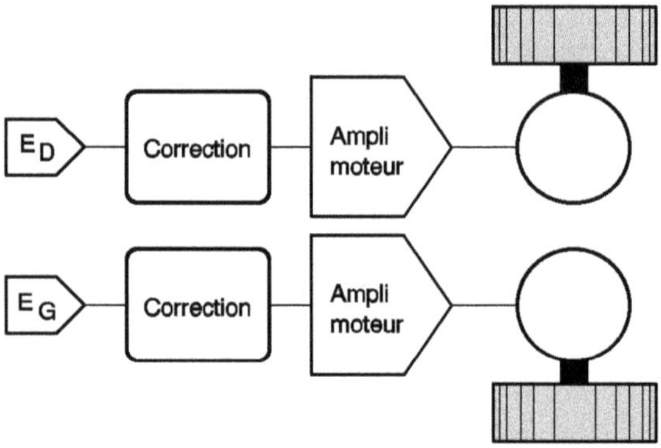

Figure 5.6. **Le schéma de principe du robot souris.**

Les signaux de commande pour les moteurs doivent être compris entre 0,5 et 3,5 V afin d'exploiter la plage complète de fonctionnement des moteurs, depuis l'arrêt jusqu'à la pleine puissance. Or le signal issu d'un capteur est compris entre 0,3 et 4,5 V, on va donc corriger l'information pour pouvoir exploiter pleinement la commande des moteurs.

On voit qu'il faut agir sur l'amplification en l'atténuant et sur le point de départ, qui représente le seuil de tension pour l'obscurité. On utilisera un amplificateur différentiel qui opère la soustraction de deux signaux et modifie aussi le gain global.

Le fonctionnement du robot souris

Observons un robot souris qui suit une ligne noire sur fond blanc.

Si le robot avance, c'est que les deux capteurs infrarouges reçoivent des photons issus des émetteurs. Sachant qu'il n'y a pas de monde parfait, l'un des deux moteurs, même bien corrigé par la carte de motorisation, sera toujours plus rapide que l'autre. Le robot tournant légèrement, l'un des capteurs va s'approcher de la ligne noire et recevra moins de photons. La vitesse de la roue du côté concerné va ralentir. Ce faisant, le robot tournera légèrement dans le sens opposé et restera calé sur la ligne noire.

En virage, il se passe la même chose, avec une petite précaution supplémentaire. En fonction de la vitesse du robot en ligne droite, il faut choisir un rayon de virage adapté. Si le rayon est très grand, il n'y aura pas de problème et on pourra se permettre de faire des essais à vitesse maximale en agissant sur les réglages de la carte de commande des moteurs. Si la place est comptée, et par là-même, le rayon du virage réduit, il faudra réduire la vitesse sur la carte des moteurs pour éviter que le robot, emporté par son inertie, manque de temps pour ajuster sa trajectoire sur la ligne noire.

La situation d'une vitesse trop faible permet de comprendre le fonctionnement du robot sur la ligne. En effet, on observe celui-ci corriger sa trajectoire d'un côté à l'autre de la ligne. Cette observation intéressante n'est pas caractéristique du robot souris qui donnera, avec un bon réglage, une impression de fluidité sur la ligne, sans aucun à-coup.

Comment passer à une ligne blanche sur fond noir ? En gardant le principe qu'un capteur réagit au blanc, il est nécessaire de placer les deux capteurs sur la ligne blanche et de croiser les commandes vers les moteurs. Le capteur droit doit piloter le moteur gauche et inversement. Lorsque, par le fait que les vitesses ne sont jamais tout à fait égales, un capteur déborde sur le fond noir, il ralentit la vitesse du moteur opposé et le robot se repositionne sur la ligne blanche.

5.4 LE SCHÉMA STRUCTUREL

Le signal issu des photorécepteurs est corrigé par les amplificateurs opérationnels. Trois réglages permettent de compenser les erreurs de positionnement des capteurs à réflexion.

La correction

Le schéma de la **figure 5.7** fait apparaître deux montages identiques, correspondant aux fonctions de correction des signaux issus des capteurs, et un réglage de seuil de tension, l'alimentation étant classique.

L'amplificateur opérationnel est monté en amplificateur différentiel à deux entrées, le gain du montage est réglé par la résistance de contre-réaction RV_1 (RV_2). Habituellement, les résistances sont choisies identiques deux à deux pour simplifier les calculs ($R_1 = R_3$ et $R_2 = RV_1$). Mais ici, on nous impose une résistance globale de 20 kΩ (22 kΩ en réalité) comme charge du capteur infrarouge et l'impédance de la référence de tension doit rester grande pour ne pas trop consommer d'énergie.

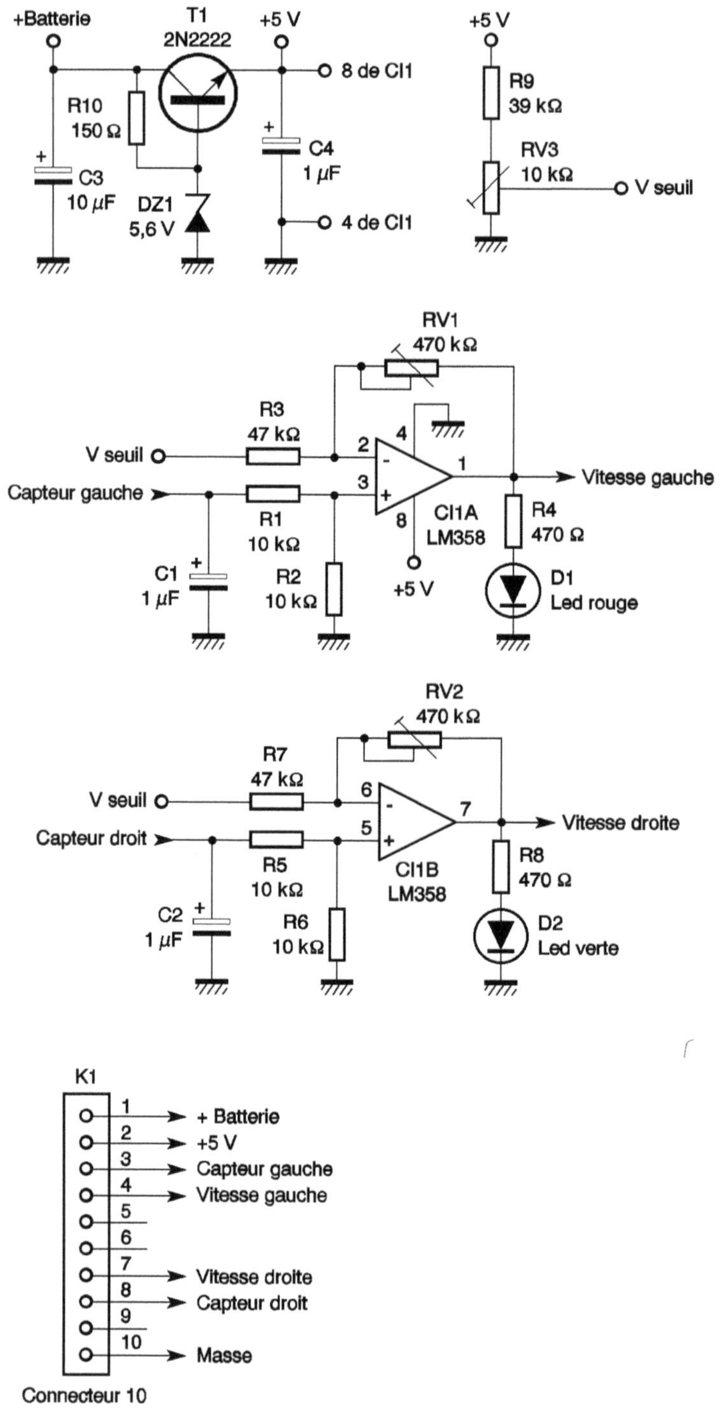

Figure 5.7.
Schéma structurel du robot souris.

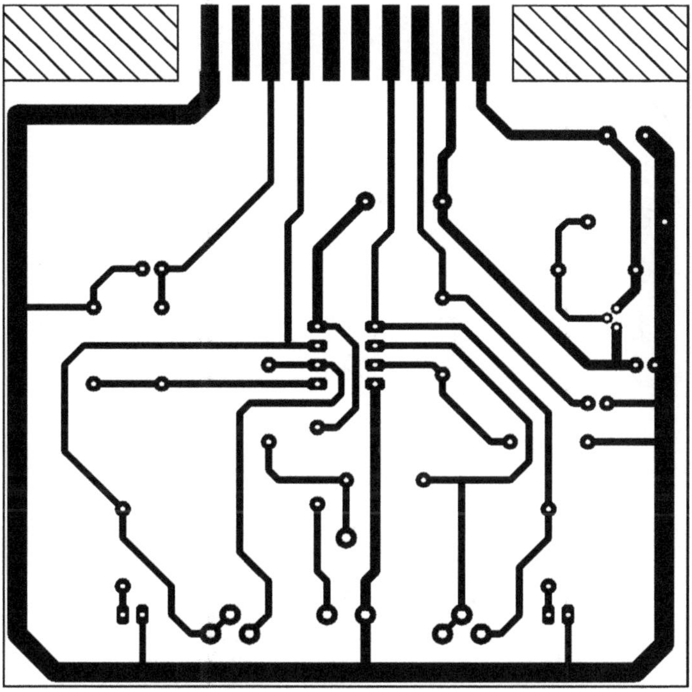

Figure 5.8.
Circuit imprimé du robot souris.

Nous sommes donc obligés d'utiliser l'équation complète du montage :

$$V_s = \frac{R_2(R_3 + RV_1)}{R_3(R_1 + R_2)} V_{seuil} - \frac{RV_1}{R_3} V_{capteur}$$

Les valeurs des résistances sont choisies ainsi : $RV_1 = 470\ k\Omega$ et $R_3 = 47\ k\Omega$ alors que $R_1 = 10\ k\Omega$ et $R_2 = 12\ k\Omega$.

Les Led sont là pour indiquer le bon fonctionnement des capteurs.

Une capacité est placée sur les entrées capteurs afin de filtrer les parasites infrarouges de fréquence plus grande que les variations des signaux des capteurs.

Le régulateur de tension

Comme pour le chapitre précédent, on réalise une régulation de tension en composants discrets. La tension stabilisée de 5 V alimente les deux circuits intégrés par les broches 8 et 4. Cette tension sera aussi utilisée par la carte des capteurs, par le biais de la broche 2 du connecteur.

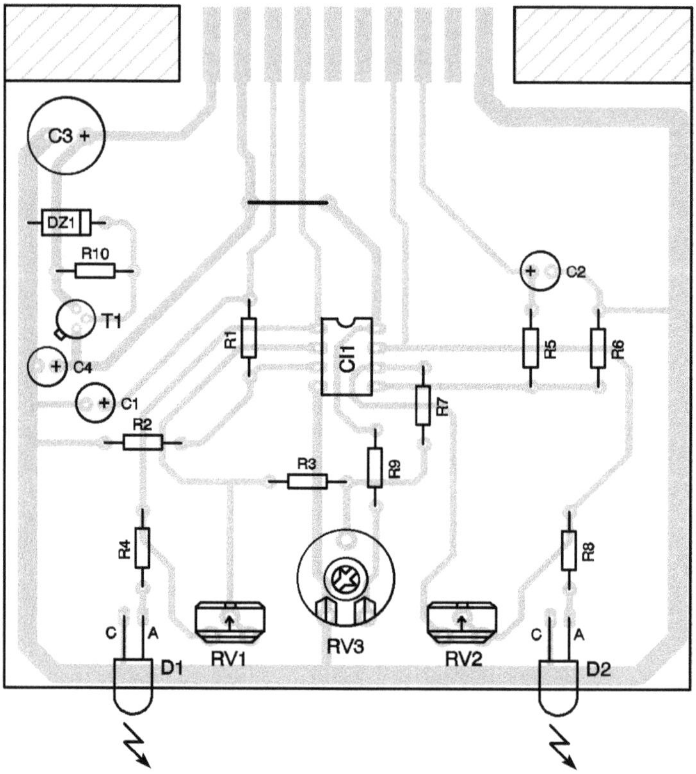

Figure 5.9. **Implantation des composants du robot souris.**

Liste des composants

Résistances :
R1, R2, R5, R6 = 10 kΩ
R3, R7 = 47 kΩ
R10 = 150 Ω
R4, R8 = 470 Ω
R9 = 39 kΩ
Résistances variables :
RV1, RV2 = 470 kΩ
RV3 = 10 kΩ
Condensateurs :
C1, C2, C4 = 1 µF
C3 = 10 µF
Semi-conducteurs :
D1, D2 = Led (1 verte et 1 rouge)
DZ1 = Zéner 5,6 V
T1 = 2N2222
CI 1 = LM 358 (ou LM 2904)

La réalisation de la carte

Le dessin du circuit imprimé de la carte de correction est visible sur la **figure 5.8**. La vue d'implantation associée est reproduite sur la **figure 5.9**.

Comme pour tout montage électronique, vous commencerez par percer tous les trous du circuit imprimé avec un foret de 0,8 mm, puis, avec un foret de 1 mm, les trous pour les composants ayant des broches plus importantes : les résistances ajustables RV_1, RV_2 et RV_3. Ensuite vous souderez les composants passifs : le *strap* unique, les résistances et les condensateurs, ainsi que le support du circuit intégré CI 1. Puis vous terminerez par les éléments actifs : transistor, diode Zener et Led. On ne placera le circuit intégré qu'après avoir effectué les différents tests qui suivent.

Tests et maintenance

On commencera par placer les résistances ajustables en position médiane. Ne pas installer la carte de commande des moteurs. Après avoir placé la carte dans le connecteur sur le châssis du robot et basculé l'interrupteur pour commuter la tension d'alimentation sur la carte, on pourra commencer à mesurer les différentes tensions sur les points de test. Les mesures sont regroupées dans le **tableau 5.2.** Toutes les tensions sont mesurées par rapport à la masse sur la carte.

Tableau 5.2. Tensions mesurées aux points de test.

Point de mesure	8 de CI 1 et 2 du connecteur	Cathode de Dz1	4 de CI 1
Tension mesurée	5 V	5,6 V	0 V

Après avoir mesuré et vérifié toutes les tensions, on placera le circuit LM 358. On placera le robot sur une surface blanche et on observera les Led, associées à chaque sortie, s'allumer. Si l'on possède un oscilloscope ou un voltmètre, on pourra observer les signaux sur ces sorties. Pour cela, il suffit de déplacer le robot afin qu'il coupe la ligne noire et on mesurera alors des variations de tension de 0 V jusqu'à une tension que vous réglerez à 3,5 V pour le fond blanc.

Si différents problèmes sont apparus lors de ces tests, on pourra incriminer le circuit intégré ou une mauvaise soudure.

Pour le réglage de RV_3, il faut installer la carte de commande des moteurs, car ce réglage est plus facile avec le robot en marche, ce qui explique pourquoi cette résistance variable est couchée. On trouvera le bon réglage de RV_3 lorsque le robot restera calé sur la ligne, même en virage, ce qui est le test absolu.

À partir de là, on pourra s'amuser à retoucher les réglages de la carte des moteurs pour augmenter la vitesse jusqu'au décrochage et revenir un peu en arrière.

5.5 OBSERVATIONS ET DISCUSSIONS

Si l'utilisation de l'amplificateur opérationnel permet de corriger la réponse d'un capteur non linéaire, il ne permet pas d'exploiter toutes les possibilités liées à l'infrarouge et aux capteurs à réflexion.

En revanche, si on simplifie l'électronique du capteur infrarouge, on peut traiter le signal reçu par des circuits logiques. De cette manière, on peut commencer à s'intéresser à d'autres comportements de robots. C'est ce que l'on verra dans les chapitres suivants.

Autres comportements

Dans certains concours de robotique, on complique un peu les choses en demandant au robot de se déplacer sur un damier noir et blanc dont la ligne est de couleur opposée à celle de chaque case du damier.

Comment faudrait-il modifier le robot, que faudrait-il ajouter pour obtenir ce comportement ? On peut imaginer un autre comportement qui consisterait à interdire au robot de rentrer dans certaines zones matérialisées par une ligne noire sur fond clair, mais l'obligerait à longer au mieux ces zones.

Supposons un labyrinthe avec des lignes qui tracent tous les chemins. Comment faire comprendre au robot qu'il doit aller à droite ou à gauche pour arriver au centre du labyrinthe ?

Imaginons pour finir un robot, type petite voiture radiocommandée, équipé de deux capteurs placés juste à côté des roues avant, et un tracé au sol, formé de deux lignes blanches délimitant une route noire. L'impression visuelle sera forte pour les observateurs. Votre véhicule se déplacera sur une route tracée au sol par des lignes blanches, comme dans la réalité.

Tout cela peut être réalisé sans faire appel à la programmation, avec un peu de réflexion et beaucoup d'essais.

CHAPITRE PAGE

6 LE PAPILLON DE NUIT

Tout comme le papillon de nuit est attiré par la lumière, notre robot le sera aussi.

Le papillon de nuit se dirige vers la lumière des lampadaires à défaut de celle de la lune. Notre robot se dirigera vers la source de lumière qui l'éclaire pour le guider (**figure 6.1**).

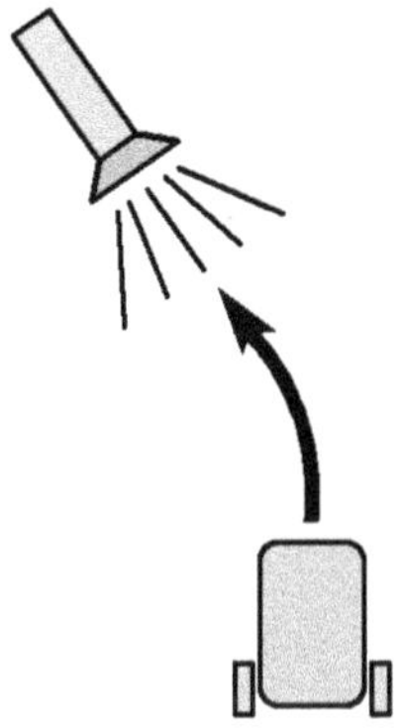

Figure 6.1. **Le robot « mangeur de lumière ».**

6.1 LA DÉTECTION DE LUMIÈRE

Il est simple de détecter la présence ou l'absence de lumière. Ce type d'information est utilisé depuis longtemps pour les éclairages publics, de manière plutôt fiable. Parmi les différents capteurs pouvant être utilisés, on préférera la cellule photorésistive.

La cellule photorésistive

La cellule photorésistive est une résistance variable qui fonctionne comme un potentiomètre sans axe de contrôle. On peut faire varier sa résistance en augmentant ou en diminuant la luminosité. En l'absence de lumière, la résistance aux bornes de la cellule est très grande. En présence de lumière, sa résistance décroît jusqu'à quelques centaines d'ohms. La **figure 6.2** présente la caractéristique d'une photorésistance.

La **figure 6.3** montre comment utiliser une cellule photorésistive (LDR en anglais). Une résistance est placée en série avec la cellule et une tension est prélevée entre les deux éléments. On forme ainsi un diviseur de tension ; cela permet de convertir la variation de résistance en une variation de tension.

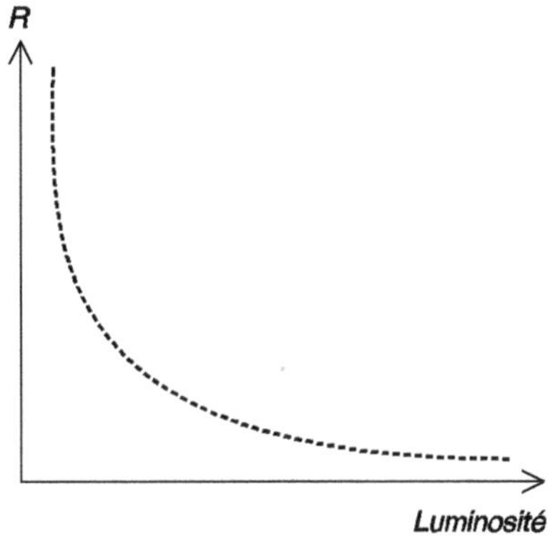

Figure 6.2. **Caractéristique d'une photorésistance.**

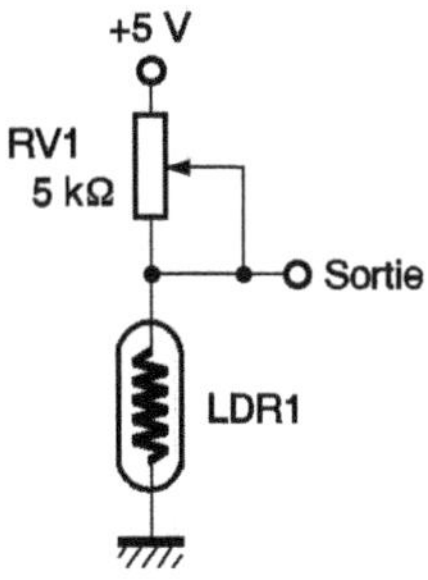

Figure 6.3. **Schéma d'utilisation d'une cellule photorésistive.**

La valeur de la résistance associée à la cellule est égale à 1 kΩ, mais peut être modifiée. On peut faire varier la sensibilité de la cellule en jouant sur la valeur de cette résistance. En remplaçant celle-ci par un potentiomètre de 5 kΩ, on pourra faire des essais et choisir la meilleure valeur en fonction des conditions d'éclairage.

6.2 LA CONSTRUCTION

On ne réalisera pas de circuit imprimé pour chaque cellule. On soudera deux fils sur chaque capteur, qui seront reliés au connecteur de la carte de traitement. Pour pouvoir affiner le positionnement des cellules, on peut utiliser des dominos d'électricien, appelés aussi sucres. Dans ce cas, les cellules sont fixées sur les dominos que l'on peut ensuite positionner au mieux sur l'avant du robot par une vis placée au centre du domino. Un des deux fils sera relié sur la broche 10 (la masse), et l'autre fil sur la broche 3 pour le capteur gauche et la broche 8 pour le capteur droit. Les résistances associées à chaque capteur seront placées sur la carte de traitement que nous allons étudier par la suite.

Les broches à souder entre le connecteur et la nouvelle carte sont indiquées sur le **tableau 6.1**.

Il faudra relier ensemble les bornes 1, 4, 7, 10 de chaque connecteur. La carte de commande des moteurs est positionnée en mode normal, ici aussi.

Tableau 6.1. Les connecteurs concernés.

Connecteur	1	2	3	4	5
Carte robot papillon	Batterie + 7,2 V		Capteur gauche	Vitesse gauche	
Carte pour commander les moteurs	Batterie + 7,2 V	+ Moteur gauche	– Moteur gauche	Vitesse gauche	

Connecteur	6	7	8	9	10
Carte robot papillon		Vitesse droite	Capteur droit		Masse
Carte pour commander les moteurs		Vitesse droite	– Moteur droit	+ Moteur droit	Masse

6.3 LE SCHÉMA FONCTIONNEL

Le fonctionnement du robot papillon

En l'absence d'un faisceau lumineux, le robot avance en ligne droite, quelle que soit la luminosité ambiante. Mais dès que l'on dirige un faisceau lumineux dans sa direction, le robot tourne pour faire face à la lumière. À condition que le faisceau lumineux soit plus fort que la luminosité ambiante, le robot sera attiré par la nouvelle lumière.

Ce principe de fonctionnement est proche de celui des insectes volants, qui sont attirés par la lumière au plafond d'une pièce, le soir.

Le schéma de principe de la **figure 6.4** montre une approche différente du traitement des informations issues des capteurs.

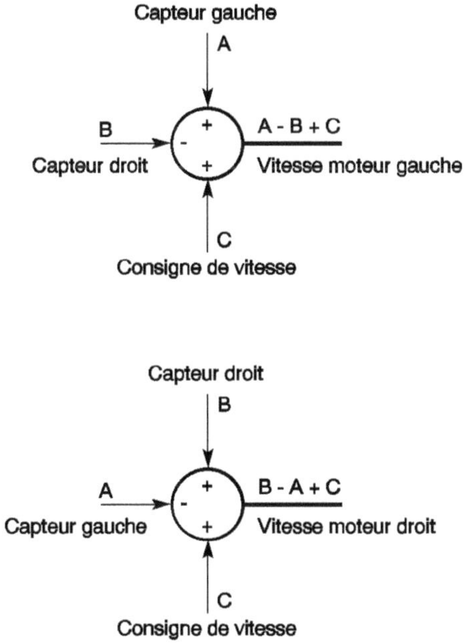

Figure 6.4.
Le schéma de principe du robot papillon.

Pour supprimer l'influence de la lumière ambiante sur la source lumineuse qui doit diriger le robot, on réalise la différence entre les tensions issues de chaque capteur. Si le résultat est nul, alors le robot fait face à une source de lumière identique à celle vue par chaque capteur. Dans les autres cas, résultat positif ou négatif, cela indique la présence de deux sources de lumière différentes. Le robot devra se diriger vers la source lumineuse la plus puissante.

À l'aide de cette méthode, on isole les informations utiles d'une part, mais on agit aussi de manière particulière sur les vitesses de chaque moteur.

Le fait de disposer d'informations positives et négatives va être utilisé pour accélérer ou ralentir les vitesses de chaque moteur, afin d'améliorer la réponse du robot à la sollicitation de la source lumineuse. Cette manière de commander le robot va garantir un comportement plus fluide et donc éviter les saccades possibles. Il n'est plus utile d'inverser le sens de rotation des moteurs pour tourner.

Avec cette technique, on s'approche de la notion d'asservissement d'un processus. On commentera, en fin de chapitre, cette technique.

Pour pouvoir régler la vitesse en ligne droite, on va ajouter à chaque opération une tension variable représentant la consigne vitesse. Le réglage devra être de l'ordre de 60 % de la vitesse nominale.

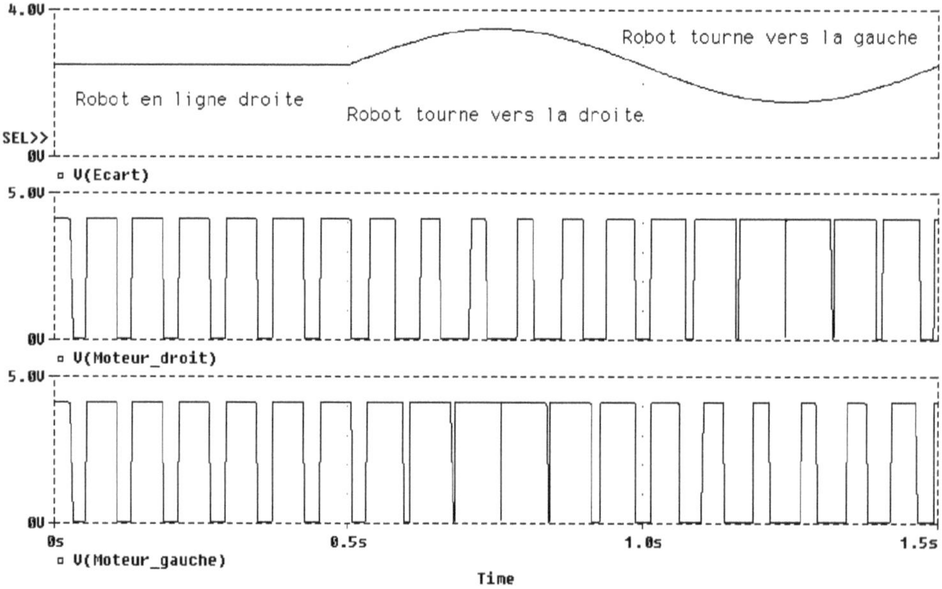

Figure 6.5. **La correction du signal.**

On observe sur les courbes les différentes étapes du fonctionnement (**figure 6.5**). Au début, le robot est en ligne droite, car les signaux sur les moteurs sont les mêmes, puis un écart de luminosité sur les capteurs entraîne une variation du signal sur les moteurs, avec pour but d'accélérer la vitesse du côté le moins éclairé et de ralentir celle du côté le plus éclairé.

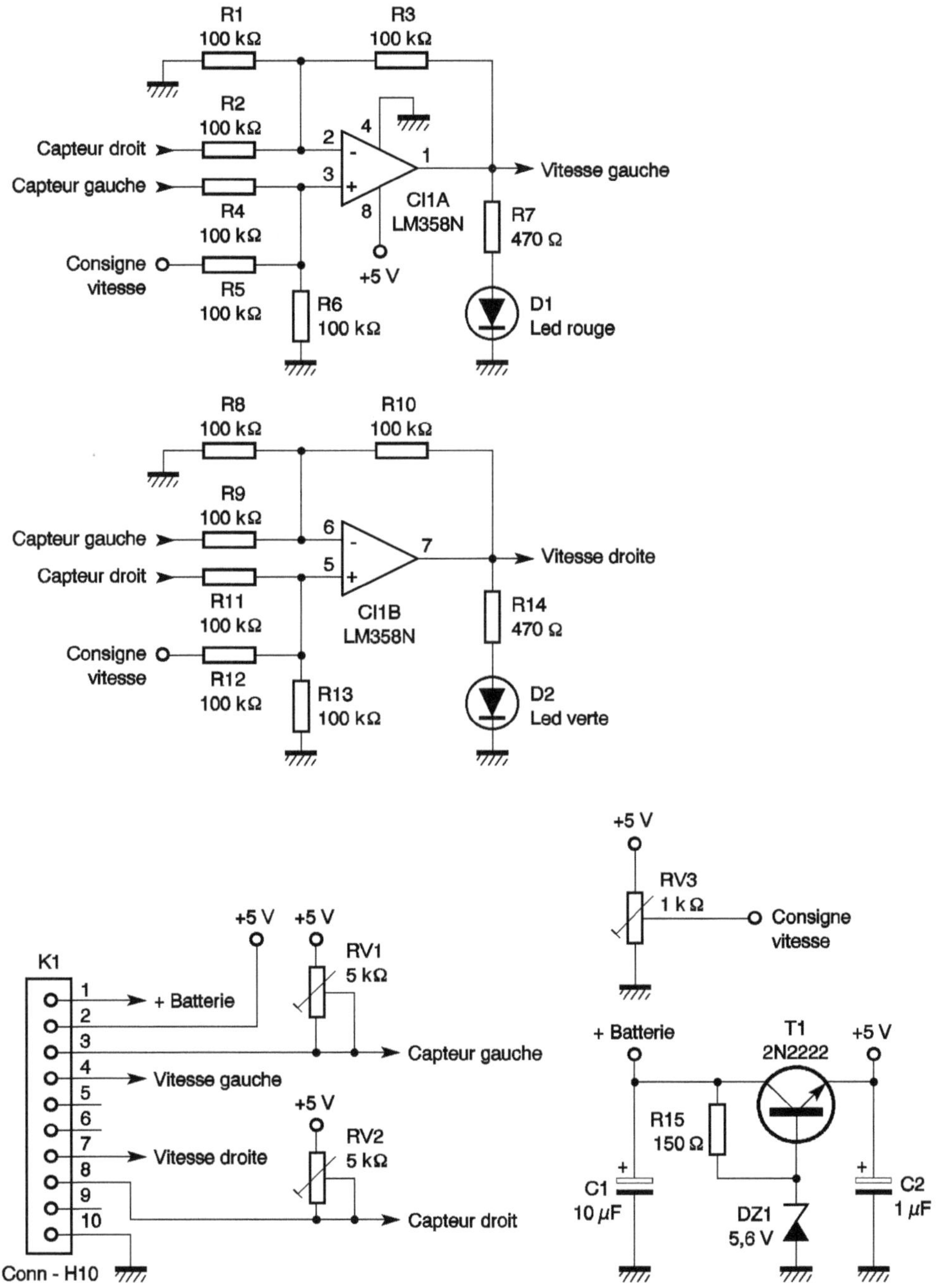

Figure 6.6.
Schéma structurel du robot papillon.

6.4 LE SCHÉMA STRUCTUREL

Les signaux issus des photorécepteurs sont corrigés par les amplificateurs opérationnels. Deux réglages permettent d'améliorer la réponse du montage en fonction de l'éclairage.

La correction

Le schéma de la **figure 6.6** fait apparaître deux montages identiques, correspondant aux fonctions de correction des signaux issus des capteurs, et un réglage pour la consigne de vitesse, l'alimentation étant classique.

L'amplificateur opérationnel est monté en amplificateur différentiel à quatre entrées (voir **figure 6.7**). Ce soustracteur permet d'obtenir une tension de sortie, en posant la condition que toutes les résistances soient égales, de :

$$V_s = A + C - B - D$$

Nous n'utilisons que trois entrées, donc l'entrée D sera reliée à la masse, d'où le résultat :

$$V_s = A - B + C$$

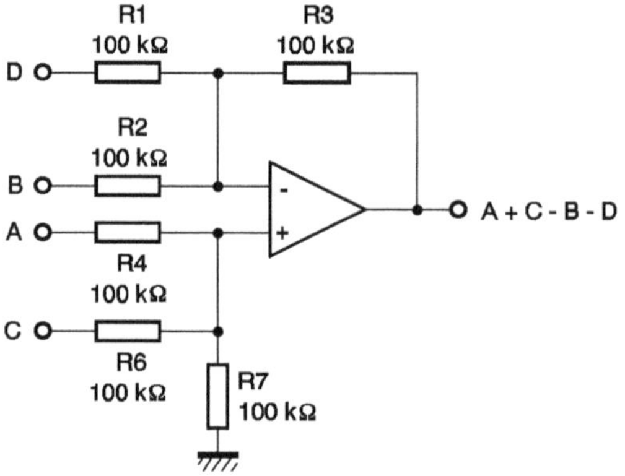

Figure 6.7.
Le soustracteur.

La valeur des résistances du montage est choisie en fonction des cellules photoélectriques, dont les valeurs sont élevées sous un faible éclairage. Ainsi, le soustracteur présentera une impédance d'entrée suffisante pour les capteurs.

Des résistances variables sont placées sur les entrées capteurs. Ce sont les fameuses résistances associées aux cellules. Il est plus simple de les placer sur la carte qu'à côté des cellules photorésistives et ainsi, on réalise une transmission d'information par boucle de courant plutôt que par mesure de la tension aux bornes des capteurs.

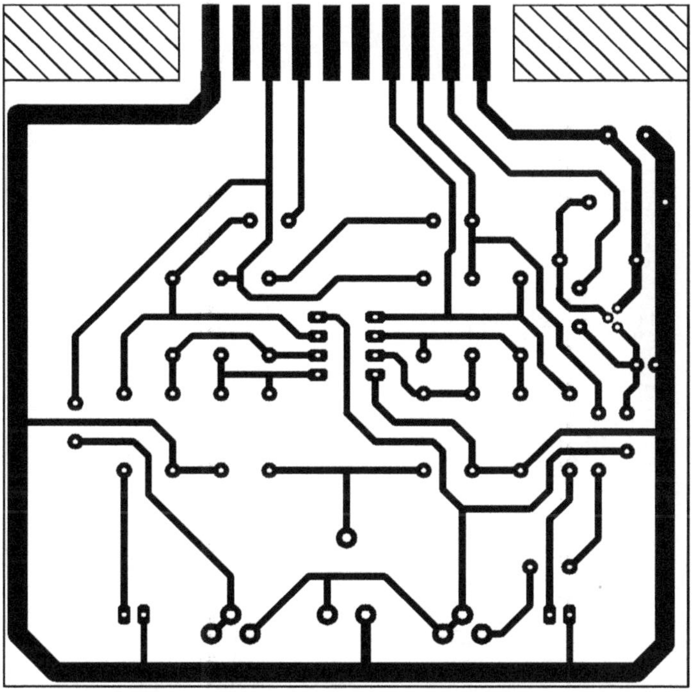

Figure 6.8.
Circuit imprimé du robot papillon.

Les Led sont là pour indiquer le bon fonctionnement de la carte et visualiser les différences pour chaque moteur en fonctionnement.

Le régulateur de tension

Comme pour les chapitres précédents, on réalise une régulation de tension en composants discrets. La tension stabilisée de 5,1 V alimente le circuit intégré par les broches 8 et 4.

La réalisation de la carte

Le dessin du circuit imprimé de la carte de traitement du robot papillon est visible sur la **figure 6.8**. La vue d'implantation associée est reproduite sur la **figure 6.9**.

Comme pour tout montage électronique, vous commencerez par percer tous les trous du circuit imprimé avec un foret de 0,8 mm, puis, avec un foret de 1 mm, les trous pour les composants ayant des broches plus importantes : les résistances ajustables RV_1, RV_2 et RV_3. Ensuite, vous souderez les composants passifs : les 7 *straps*, les résistances et les condensateurs, ainsi que le support du circuit intégré. Puis vous terminerez par les éléments actifs :

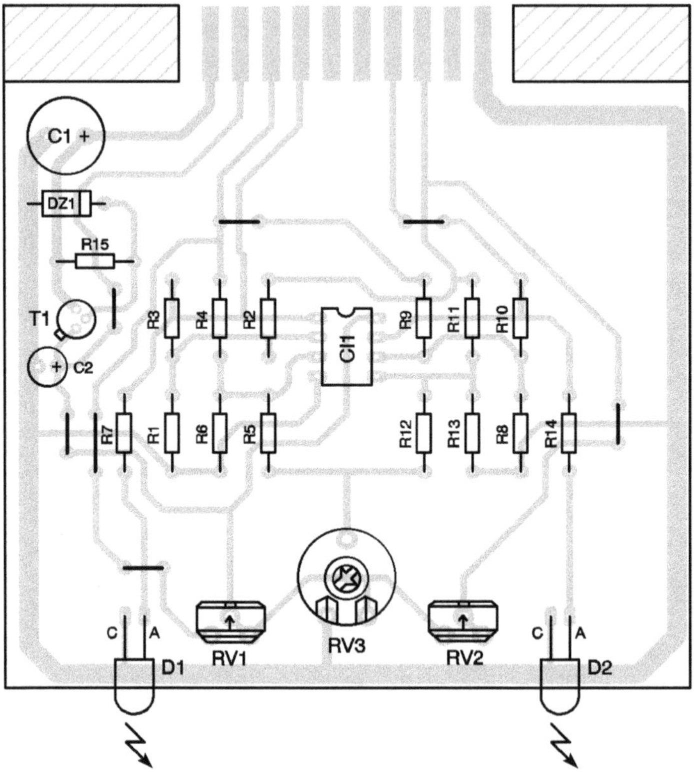

Figure 6.9. **Implantation des composants du robot papillon.**

Liste des composants

Résistances :
R1 à R6 et R8
à R13 = 100 kΩ
R15 = 150 Ω
R7, R14 = 470 Ω
Résistances variables :
RV1, RV2 = 5 kΩ
RV3 = 1 kΩ
Condensateurs :
C1 = 10 μF
C2 = 1 μF
Semi-conducteurs :
D1, D2 = Led (1 verte et 1 rouge)
DZ1 = Zéner de 5,6 V
T1 = 2N2222
CI 1 = LM 358

transistor, diode Zener et Led. On ne placera le circuit intégré qu'après avoir effectué les différents tests qui suivent.

Tests et maintenance

On commencera par placer les résistances ajustables en position médiane. Ne pas installer la carte de commande des moteurs. Après avoir placé la carte dans le connecteur sur le châssis du robot et basculé l'interrupteur pour commuter la tension d'alimentation sur la carte, on pourra commencer à mesurer les différentes tensions sur les points de test. Les mesures sont regroupées dans le **tableau 6.2**. Toutes les tensions sont mesurées par rapport à la masse sur la carte.

Point de mesure	8 de CI 1	Cathode de Dz1	4 de CI 1
Tension mesurée	5 V	5,6 V	0 V

Tableau 6.2. Tensions mesurées aux points de test.

Après avoir mesuré et vérifié toutes les tensions, on placera le circuit LM 358. On observera les Led associées à chaque sortie s'allumer. Si l'on possède un oscilloscope ou un voltmètre, on pourra observer les signaux sur ces sorties. Il suffit de déplacer de droite à gauche une lampe torche placée à une certaine distance devant les capteurs pour mesurer des variations de tension de plus ou moins 1 V autour de la tension de consigne. Si besoin, il faudra régler les deux résistances ajustables RV_1 et RV_2 pour obtenir cette augmentation de l'ordre de 1 V en présence d'une lumière d'intensité supérieure à celle de la lumière ambiante.

Si différents problèmes sont apparus lors de ces tests, on pourra incriminer le circuit intégré ou une mauvaise soudure.

Pour le réglage de RV_3, il faut installer la carte de commande des moteurs. Cela permet de régler la vitesse du robot en ligne droite. Il ne faut pas régler RV_3 à la vitesse maximale, sinon le principe de fonctionnement du robot ne corrige plus qu'en diminuant la vitesse, ce qui est insuffisant pour avoir une réponse rapide aux variations de luminosité de la lampe torche.

On peut retoucher les réglages des moteurs sur la carte des motorisations pour augmenter la vitesse globale.

6.5 OBSERVATIONS ET DISCUSSIONS

Il suffit de quelques petites modifications sur le montage différentiel du chapitre précédent pour disposer d'un soustracteur à quatre entrées, dont trois seulement sont utilisées. On aurait pu essayer de trouver un montage qui donne le résultat énoncé par le schéma fonctionnel, mais il aurait été nécessaire d'augmenter le nombre des amplificateurs opérationnels.

On peut remplacer les cellules photorésistives par des phototransistors ou des photodiodes, mais dans ce cas-là, il est nécessaire de modifier les résistances associées.

Autres comportements

Les capteurs employés sur ce robot peuvent être remplacés par des photopiles. Cela permettrait, entre autres, d'alimenter un robot de plus petite dimension.

On peut aussi imaginer un robot qui fuirait une lumière trop forte, ou encore un robot timide, qui fuirait la lumière pour aller se réfugier systématiquement à l'ombre et qui retournerait dans sa cachette chaque fois qu'on l'en sortirait.

Notion d'asservissement

Pour ce robot, on a utilisé une technique plus fine que pour le robot du chapitre précédent. La correction à appliquer sur les moteurs agit en augmentant la vitesse d'un moteur et en réduisant la vitesse de l'autre alors que précédemment, on agissait sur un seul moteur.

Réfléchissons un peu au fonctionnement global de ces robots de premier niveau. Sur le robot taupe, il n'y avait aucune correction à faire, ni consigne à respecter. Sur le robot souris, il fallait suivre une ligne représentant la consigne. La correction consistait à modifier la vitesse d'un seul des deux moteurs et à multiplier la différence entre la consigne et l'information capteur par un facteur constant. Si le réglage correspondant était mal fait, la correction entraînait le robot de l'autre côté de la ligne, sans s'arrêter sur celle-ci. Dans ce nouveau chapitre, notre robot papillon, avec sa correction sur les deux moteurs était un peu plus fin.

L'analyse de ces corrections tend à montrer que lorsque le robot s'approche de sa consigne, il est nécessaire de réduire le facteur qui multiplie l'erreur entre la consigne et les capteurs. À l'inverse, il faudrait augmenter ce facteur lorsque le robot est loin de sa consigne.

Dans la plupart des cas, nos robots réalisent des asservissements de position. Réaliser un asservissement de position revient à comparer une consigne de position (ligne, lumière) avec le résultat observé par les capteurs. L'erreur faible ou grande informe le correcteur de la position instantanée du robot par rapport à sa consigne. La fonction d'asservissement consiste à amplifier cette erreur différemment suivant sa valeur, afin d'atteindre le plus vite possible la position demandée par la consigne.

On utilise couramment des correcteurs PID (ou proportionnel intégral dérivé) qui analysent l'erreur sous toutes ses coutures, par des fonctions mathématiques, afin de répondre le plus vite possible à la consigne.

L'utilisation de ce genre de correcteurs dans nos robots est possible. Leur réalisation avec des composants discrets (amplificateurs opérationnels et résistances variables) permet d'obtenir des résultats surprenants de fiabilité, mais les calculs et les essais permettant d'obtenir ces résultats sortent du cadre de ce livre. De nombreux ouvrages traitent de ce sujet, et les logiciels de simulation comme Microsim permettent d'étudier sérieusement leur utilisation sur un robot.

CHAPITRE PAGE

7 UN PEU D'INTELLIGENCE

Toutes les réalisations des chapitres précédents correspondent à des expériences plutôt figées dans le sens où il n'est pas simple de faire évoluer le robot sans modification fondamentale : d'où les différentes cartes électroniques pour passer d'un robot à l'autre. Pour la taupe, la souris et le papillon, un capteur spécifique et sa carte de traitement sont nécessaires.

Pour pouvoir progresser, il faut essayer d'autres capteurs, mais sans avoir à refaire des interfaces qui peuvent parfois devenir complexes. Si l'on désire vraiment faire évoluer son robot, il faut faire fonctionner plusieurs capteurs en même temps, et surtout, lui donner un semblant d'intelligence.

L'intelligence. Le mot est lancé. Ou bien, on peut parler plutôt de stratégie, d'organisation, de réflexion. Quel que soit le comportement initial que l'on veuille donner à son robot, il est inévitable qu'un jour ou l'autre, on se retrouve à adresser à sa créature une phrase du style : « Oui, c'est bien. » ou encore « Qu'est-ce qu'il te prend ? Ce n'est pas par-là ! ».

On parlera ici d'*intelligence artificielle* pour toute réalisation faite de la main de l'homme, qui l'accompagne dans son quotidien. Les robots en sont le parfait exemple. On peut penser en effet aux robots de compagnie, très nombreux au Japon, ainsi qu'aux robots domestiques, comme les robots aspirateurs ou tondeuses à gazon.

7.1 L'INTELLIGENCE ARTIFICIELLE

Pour commencer, et pour faire simple, on ne parlera pas d'intelligence artificielle mais de *comportements*. Chaque capteur étudié sera associé à un comportement. Plusieurs capteurs peuvent être associés, et on peut également piloter les moteurs par un comportement.

Ensuite, on doit écrire un programme qui traduit chaque comportement et placer ce programme dans un composant spécialisé.

Le premier avantage est que l'on n'a plus besoin de réaliser une carte de traitement spécifique pour chaque capteur. Il faudra quand même réaliser une carte d'interface minimum ; quoique...

Les autres avantages sont la simplicité, la fiabilité, le faible coût (un seul composant), l'évolution par l'amélioration de la programmation et l'ajout de capteurs. Il est même possible d'utiliser des capteurs intelligents et des cartes de contrôle de moteurs plus sophistiquées.

Et tout cela est possible par l'utilisation du microcontrôleur. Ce composant magique est à la base de l'évolution extraordinaire de certains produits qui nous entourent : les cartes à puce, les téléphones mobiles, les souris, les machines à laver…

7.2 LE MICROCONTRÔLEUR

Il n'est pas possible d'expliquer dans ce livre le fonctionnement du microcontrôleur PIC16F84 que nous allons utiliser, ni la façon de le programmer. Je vous renvoie donc aux nombreux ouvrages traitant de ce sujet (*cf.* bibliographie en fin de livre).

J'ai fait le choix de ce microcontrôleur car c'est le plus connu des composants programmables au moment ou j'écris ces lignes. Ce n'est pas le meilleur, ni le plus adapté, ni le moins cher, mais le plus disponible et le plus documenté de tous.

Si vous faites la démarche d'étudier ce modèle, vous n'aurez pas de difficultés à passer aux nouveaux modèles plus tard.

Le modèle choisi, un des plus simples, se caractérise par 13 lignes d'entrées/sorties. Ce qui veut dire que chacune des 13 lignes peut devenir une entrée ou une sortie. Deux lignes sont là pour définir la fréquence de travail, une ligne pour la remise à zéro et deux lignes pour l'alimentation. En interne, il dispose d'une mémoire flash de 1 024 instructions, de 68 octets de RAM et 64 octets d'EEPROM. Mais sa force se trouve surtout dans son compteur 8 bits et ses interruptions.

En utilisant un résonateur de 4 MHz comme fréquence, on peut réaliser un million d'instructions par seconde. Chaque instruction durera une microseconde, et le compteur pourra compter de 0 à 255 microsecondes au maximum. Avec cela et un pré-diviseur placé avant le compteur, il est possible, par exemple, de générer des interruptions de programme avec des multiples de 250 microsecondes.

7.3 LE SCHÉMA FONCTIONNEL

Dans ce chapitre, nous allons remplacer toutes les cartes de traitement par une seule carte et modifier légèrement la carte de motorisation.

Effectivement, l'utilisation d'un microcontrôleur se caractérise, entre autres, par la possibilité de générer des signaux logiques de durées quelconques. Il n'y a alors pas de problèmes à générer des signaux de type MLI. Nous n'avons plus besoin de comparer une tension analogique avec une tension triangulaire (*cf.* chapitre 3).

De toute manière, notre microcontrôleur n'est pas capable de générer des signaux analogiques.

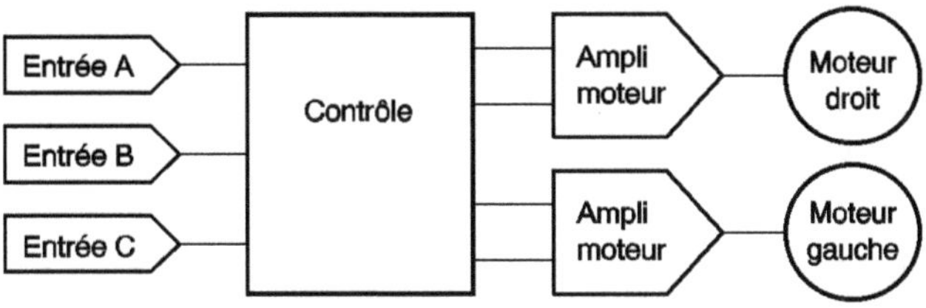

Figure 7.1. **Organisation d'un robot à microcontrôleur.**

Nos besoins sont les mêmes que pour les robots précédents, mais il faut être capable de tout prévoir. Cela veut dire, par exemple, de pouvoir commander la vitesse des deux moteurs dans les deux sens. Notre connecteur n'étant pas extensible, il ne nous reste que trois lignes libres qui seront les entrées A, B et C.

Si nos besoins sont les mêmes, nos possibilités sont différentes. Nous ne pouvons plus traiter de signaux analogiques en entrée. Nous verrons dans le chapitre suivant comment contourner ce problème, dans certains cas. Effectivement, avec des entrées logiques, les capteurs doivent délivrer des informations du même type ou disposer d'une petite interface pour s'adapter aux entrées du microcontrôleur.

Pour certains capteurs, cela n'est pas un problème, mais pour d'autres, cela fait perdre l'essentiel de l'information. Il faut en tenir compte et adapter le programme en conséquence. C'est, là aussi, la force d'un composant programmable : traiter l'information pour la rendre pertinente.

Tableau 7.1. Les connecteurs concernés.

Connecteur	1	2	3	4	5	6	7	8	9	10
Carte µC	+ Bat	+ 5 V	Entrée A	Vit ga	Sens ga	Sens dr	Vit dr	Entrée B	Entrée C	Masse
Carte moteur	+ Bat	+ Mot ga	– Mot ga	Vit ga	Sens ga	Sens dr	Vit dr	– Mot dr	+ Mot dr	Masse

Il nous faut aussi des indicateurs lumineux donnant l'état du système et des organes de réglage. Nous plaçons donc trois voyants de type Led rouge, verte et jaune, une résistance ajustable et un bouton poussoir.

Le bouton poussoir pourra servir à tester un deuxième programme, la résistance variable, à modifier la vitesse, et les trois Led, à indiquer divers états du programme.

7.4 LA PROGRAMMATION

Pour écrire le programme, je vous conseille l'utilisation de l'environnement de développement MPLAB de Microchip. Il est très puissant, plus convivial avec un tutorial et gratuit, et Microchip est le fabricant du composant – seul bémol : MPLAB est en anglais.

Pour placer le programme dans le composant, il vous faudra un programmateur de PIC16F84 et le logiciel associé. Pour réaliser un de ces programmateurs, je vous renvoie vers les ouvrages sur les PIC (*cf.* bibliographie). Le logiciel utilisé est gratuit et disponible avec les documents de fabrication d'un programmateur.

La structure du programme

Le programme est composé de trois fichiers principaux que l'on doit écrire : Prog_1.asm, macro1.inc et Config.inc, auxquels il faut ajouter un fichier p16F84.inc qui est inclus dans les compilateurs.

Hormis ce dernier fichier qui définit les registres associés au composant choisi, les autres sont spécifiques aux programmeurs. Le premier est le programme principal. Le fichier macro1.inc contient des macros que l'on pourra réutiliser pour d'autres programmes, il n'est donc pas spécifique à ce programme. Le fichier Config.inc contient des définitions qui rendent plus lisibles le programme principal et ses variables.

C'est le programme de type *.asm qui est compilé par l'assembleur, et c'est ce programme qui inclut l'appel aux autres fichiers.

Le programme est structuré en plusieurs parties : le programme principal, le programme d'interruptions et les fonctions ou routines spécifiques.

Le programme principal est assez simple : il appelle la routine d'initialisation du composant puis rentre dans une boucle d'attente qui fait clignoter les trois Led, on en sort par l'appui sur le bouton poussoir, puis il rentre dans une boucle sans fin qui demande une mesure de la résistance variable pour définir les vitesses sur les deux moteurs.

Le programme d'interruption est indépendant du programme principal dans le sens ou il n'est jamais appelé par celui-ci. Ce programme est activé régulièrement lorsque le contenu du registre Timer0 déborde de 255 à 0. Il interrompt le programme principal pour réaliser la mise à jour des moteurs par génération de signaux MLI. De même, il actualise le contenu des divers compteurs temps.

Comment fonctionne le générateur de signaux MLI ? Ce générateur est composé d'un compteur sur 5 bits, qui augmente de 1 toutes les 100 µs. Nous avons donc 2^5 soit 32 valeurs de vitesse : 0, 2/32 jusqu'à 32/32 ; la valeur 1/32 est supprimée, sinon nous aurions 33 valeurs. Ce compteur est comparé aux contenus des variables vitesse droite et gauche : si les contenus sont inférieurs, alors la broche correspondante est mise à 1 sinon elle est mise à 0.

Dans les différentes parties, il est parfois fait appel à des routines de temporisation. Elles utilisent le contenu des divers compteurs temps. La mesure de la résistance variable est une routine typique qui sera expliquée au chapitre suivant.

Les organigrammes

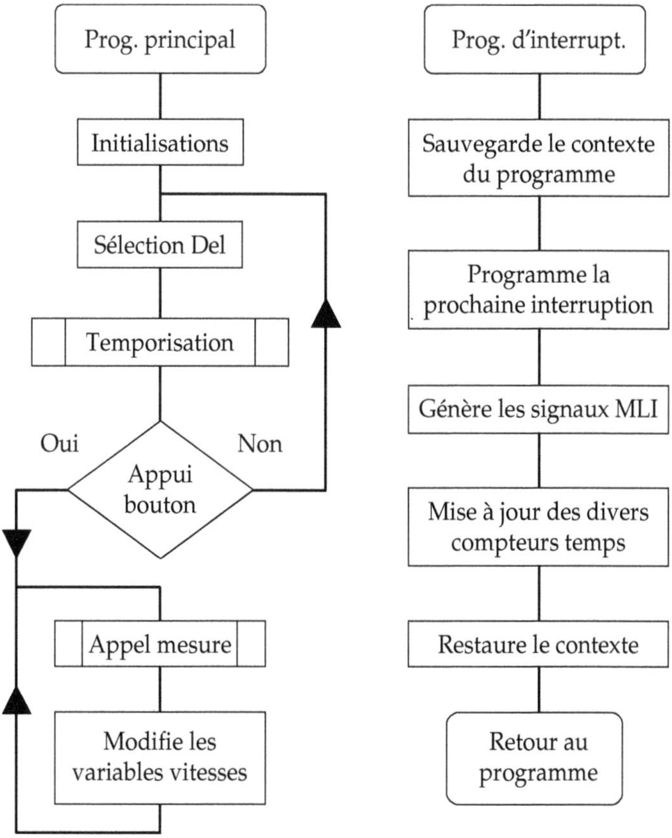

Les listings

Le programme et les divers fichiers associés ont été écrits en assembleur sous l'environnement de travail MPLAB de Microchip.

```
;**************************************************
; Nom du fichier : Prog_1.asm
; Date :           1-juin-2005
; Auteur :         F. GIAMARCHI
; Version :        1
;**************************************************
; Notes : Programme pour la 2e édition du livre
;         Petits Robots Mobiles
;
    errorlevel -302      ; supprime l'alerte sur les banques
;**************************************************
    list     p=16F84     ; Sélection du µC 16F84
    include <p16F84.inc> ; Définitions des registres du µC
    include <macrol.inc> ; Fichier des macros de base
    include <Config.inc> ; Fichier de configuration
    list                 ; Très important si oubli -> plantage
;**************************************************
;   Vecteur RESET
;**************************************************
    ORG     0x000     ; Vecteur RESET
    goto    DEBUT     ; Saut vers début du programme
;**************************************************
;   Vecteur INTERRUPTIONS
;**************************************************
    ORG         0x004          ; Vecteur d'interruption
    Sauve_Reg
    movlw       .255 - .44     ; Interruptions toutes
    movwf       TMR0           ; les 100 µs
;**************************************************
;         Commande des moteurs en MLI
    movlw      0x08              ; MLI sur 5 bits
    addwf      MLI_compteur,F    ; Incrémente le compteur
    btfsc      STATUS,Z          ; Teste si le compteur est à 0
    addwf      MLI_compteur,F    ; Supprime la valeur 1/16
    movf       MLI_compteur,W
    addwf      MLI_rapport_Dr,W ; Ajoute la variable vitesse
                                 ; droit
    btfsc      STATUS,C
    Moteur_Dr_On                 ; Ligne à 1 pour le moteur droit
    btfss      STATUS,C
    Moteur_Dr_Off                ; Ligne à 0 pour le moteur droit
    movf       MLI_compteur,W
    addwf      MLI_rapport_Ga,W ; Ajoute la variable vitesse
                                 ; gauche
    btfsc      STATUS,C
    Moteur_Ga_On                 ; Ligne à 1 pour le moteur gauche
    Btfss      STATUS,C
    Moteur_Ga_Off                ; Ligne à 0 pour le moteur gauche
;**************************************************
    incf       Compt_100us,F ; Compteur 100 µs + 1
    btfss      STATUS,Z      ; Teste si déborde
```

```
    goto      Compt_Fin     ; Non -> continu
    movlw     .4            ; Positionne le compteur
    movwf     Compt_100us   ; pour compter 250
    incf      Compt_25ms,F  ; Compteur 25 ms + 1
    btfss     STATUS,Z
    goto      Compt_Fin     ; Non -> continu
    movlw     .246
    movwf     Compt_25ms    ; Positionne le compteur pour 10
    bsf       Etat,_250ms   ; Drapeau pour une tempo de 250 ms
    incf      Compt_250ms,F ; Compteur 250 ms + 1
    btfsc     Compt_250ms,2 ; Teste la seconde
    bsf       Etat,seconde  ; Drapeau pour les secondes
    Compt_Fin
;************************************************
    incf      CAN_Compt,F
;************************************************
Fin_Int
    bcf       INTCON,T0IF   ; Annule l'interruption du Timer0
    Restaure_Reg
    Retfie                  ; Retour au programme principal
;************************************************
;             PROGRAMME PRINCIPAL
;************************************************
DEBUT
    call       INIT            ; Appel de la routine d'init.
    movlw      0x10
    movwf      MLI_rapport_Dr ; Valeur par défaut
    movlw      0x10           ; pour les vitesses
    movwf      MLI_rapport_Ga ; droite et gauche
    clrf       CAN_Compt_Test
;************************************************
;             boucle d'attente
Bouc_depart
    Del_Verte_Off             ; Boucle d'attente
    Del_Jaune_On              ; Clignotement des Led
    call        Tempo_250ms   ; rouge, verte et jaune
    Del_Jaune_Off             ; toutes les 250 ms
    Del_Rouge_On
    Call        Tempo_250ms
    Del_Rouge_Off
    Del_Verte_On
    Call        Tempo_250ms
    Btfsc       Poussoir      ; Sort de la boucle par appui
    Goto        Bouc_depart
;************************************************
;           programme exécuté en boucle
PROG
    call      CAN              ; Lance une mesure CAN
    movf      CAN_Compt_Test,W ; La valeur obtenue
    movwf     MLI_rapport_Dr   ; définit les nouvelles
    movwf     MLI_rapport_Ga   ; vitesses droite et gauche
```

```
	goto		PROG
;**********************************************
;	Initialisation
;	0 en sortie   1 en entrée
;**********************************************
INIT
	BANK1
	movlw		b'00000100'	; Port A : RA2 en entrée
	movwf		TRISA
	movlw		b'10000110'	; Port B : RB1, RB2, RB7 en entrée
	movwf		TRISB
	movlw		b'10000000'	; PortB no pull-up, tmr0 int.
	movwf		OPTION_REG	; Timer increment : Fosc/4/2 = 2 µs
	BANK0
	movlw		b'10100000'	; Valide GIE, TOIE
	movwf		INTCON
	clrf		TMR0
	clrf		PORTA
	clrf		PORTB
	return
;**********************************************
;			Routines
;**********************************************
Tempo_250ms
	Btfss		Etat,_250ms	; Utilise le drapeau
	Goto		Tempo_250ms	; positionné par la routine
	bcf		Etat,_250ms	; d'interruption
	return
;**********************************************
Tempo_200us
	btfsc		Compt_100us,1
	goto		Tempo_200us
Tempo_200us_1
	Btfss		Compt_100us,1
	goto		Tempo_200us_1
	return
;**********************************************
; Conversion analogique avec une ligne numérique
CAN
	Btfss		Etat,seconde	; Pour ne faire qu'une mesure
	goto		CAN_Fin		; par seconde
	bcf		Etat,seconde
	bcf		INTCON,GIE	; Bloque les interruptions
	BANK1				; pendant le changement de Banque
	Movlw		b'10000110'	; Port B : RB0 en sortie
	Movwf		TRISB
	BANK0
	bsf		INTCON,GIE	; Autorise les interruptions
	bsf		CAN_P		; Charge la capacité
	call		Tempo_200us	; pendant 200 µs
	bcf		INTCON,GIE	; Bloque les interruptions
```

```
     BANK1                      ; pendant le changement de Banque
     Movlw      b'10000111'     ; Port B : RBO en entrée
     Movwf      TRISB           ; La capacité peut se décharger
     BANKO
     bsf        INTCON,GIE      ; Autorise les interruptions
     clrf       CAN_Compt
CAN_Mesure
     Btfsc      CAN_P           ; Teste si la capacité est vide
     goto       CAN_Mesure
     movf       CAN_Compt,W
     andlw      0xF8
     movwf      CAN_Compt_Test ; Stocke la nouvelle valeur
CAN_Fin
     return
;************************************************
     end                        ; Directive 'fin de programme'
;************************************************


;************************************************
; Nom du fichier : macro.inc
; Date :           1-juin-2005
; Auteur :         F. GIAMARCHI
; Version :         1
;************************************************
; Description    : macro de base pour
;                  PIC16F84
;************************************************
;      Fusibles
       __CONFIG    _CP_OFF & _WDT_OFF & _PWRTE_ON & _XT_OSC
;      VARIABLE DEFINITIONS
w_temp         EQU   0x0C        ; Variable pour sauver le contexte
status_temp    EQU   0x0D        ; Idem
;************************************************
BANKO          macro
       bcf             STATUS, RPO ; Accès à la banque 0
               endm
BANK1          macro
       bsf             STATUS, RPO ; Accès à la banque 1
               endm
Sauve_Reg      macro
       Movwf           w_temp      ; Sauve le registre W
       movf            STATUS,w
       movwf           status_temp ; Sauve le registre STATUS
               endm
Restaure_Reg macro
       Movf            status_temp,w
       movwf           STATUS        ; Restaure le registre STATUS
       swapf           w_temp,f
       swapf           w_temp,w      ; Restaure le registre W
               endm
;************************************************
```

```
;**********************************************
; Nom du fichier : Config.inc
; Date :           1-juin-2005
; Auteur :         F. GIAMARCHI
; Version :        1
;**********************************************
; Description :    fichier de Configuration
;                  du PIC16F84
;**********************************************
;         Définitions et Constantes
;**********************************************
#define    Del_V    PORTA,0    ; Led Verte sur RA0
#define    Del_J    PORTA,1    ; Led Jaune sur RA1
#define    Del_R    PORTA,3    ; Led Rouge sur RA3
#define    CAN_P    PORTB,0    ; Convertisseur Analog Num sur RB0
#define    Poussoir PORTA,2    ; Bouton poussoir sur RA2
#define    Vit_Dr   PORTB,3    ; Vitesse Moteur Droit sur RB3
#define    Vit_Ga   PORTB,6    ; Vitesse Moteur Gauche sur RB6
#define    Del_Verte_On  bsf  Del_V
#define    Del_Verte_Off bcf  Del_V
#define    Del_Jaune_On  bsf  Del_J
#define    Del_Jaune_Off bcf  Del_J
#define    Del_Rouge_On  bsf  Del_R
#define    Del_Rouge_Off bcf  Del_R
#define    Moteur_Dr_On  bsf  Vit_Dr
#define    Moteur_Dr_Off bcf  Vit_Dr
#define    Moteur_Ga_On  bsf  Vit_Ga
#define    Moteur_Ga_Off bcf  Vit_Ga
_250ms     equu        0
seconde    equ         1
can_       equ         2
;**********************************************
;      Déclarations des variables en 0x0E
;**********************************************
       cblock     0x0E
       Compt_100us
       Compt_25ms
       Compt_250ms
       Etat
       MLI_compteur
       MLI_rapport_Dr
       MLI_rapport_Ga
       CAN_Compt
       CAN_Compt_Test
       endc
;**********************************************
```

7.5 LE SCHÉMA STRUCTUREL

Le schéma structurel (**figure 7.2**) doit répondre aux besoins exprimés lors de l'étude fonctionnelle et rédigés par la programmation. Il faut aussi tenir compte des capacités du composant utilisé. On devine qu'il est nécessaire d'avoir une vision complète dès le début pour assurer la validité de la solution choisie.

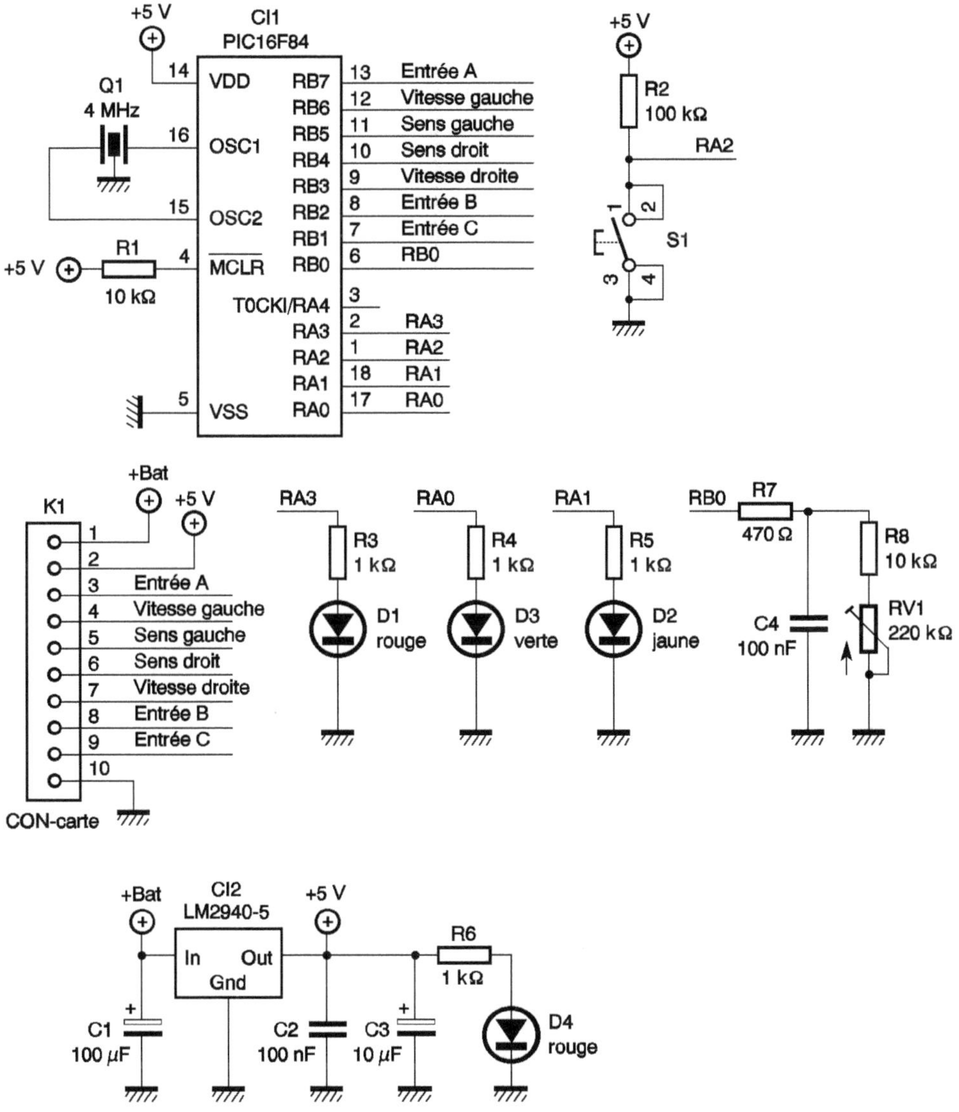

Figure 7.2.
Schéma de la carte de contrôle.

Le schéma s'articule autour du microcontrôleur. La plupart des lignes du connecteur lui sont directement reliées. Le résonateur Q1 est équivalent à un quartz mais il est moins cher et possède, en interne, deux petits condensateurs indispensables. Il est moins précis, ce qui n'est pas un problème ici. La ligne de remise à zéro est reliée au 5 volts par la résistance R1, ce qui permet un démarrage automatique du composant.

Pratiquement toutes les lignes du microcontrôleur sont utilisées pour ajouter des indicateurs d'états et des contrôles. Trois lignes d'état, RA0, RA1 et RA3, avec indicateurs lumineux rouge, jaune et vert, seront de précieuses alliées pour visualiser le bon fonctionnement ou aider à la correction des erreurs. Un bouton poussoir relié à la ligne RA2 permet de contrôler, modifier ou tout simplement lancer le programme.

Le contrôle le plus intéressant est relié à RB0, il s'agit d'une résistance ajustable qui permet, par exemple, de faire varier la vitesse globale du robot ou de modifier le contenu d'une variable du programme.

Mais comment peut-on lire une valeur analogique avec une entrée logique ? Ce secret ne sera dévoilé qu'au chapitre suivant.

Pour finir sur le schéma, on ajoutera une petite alimentation classique avec un régulateur de tension et ses condensateurs associés, sans oublier l'indicateur de présence tension D4. Le régulateur ne peut pas être remplacé par un modèle plus classique comme le 7805, car il faut un modèle possédant une faible chute de tension entre son entrée et sa sortie. Avec une batterie de 7,2 volts et du 5 volts en sortie, on ne doit réguler que 2,2 volts, ce que n'est pas capable de faire le modèle 7805 ; mais avec un LM2940-5, cela est possible.

La réalisation

Le dessin du circuit imprimé de la carte de traitement logique est visible sur la **figure 7.3**. La vue d'implantation associée est reproduite sur la **figure 7.4**.

Comme pour tout montage électronique, vous commencerez par percer tous les trous du circuit imprimé avec un foret de 0,8 mm, puis avec un foret de 1 mm, les trous pour les composants ayant des broches plus importantes : la résistance ajustable RV1 et le régulateur de tension CI2. Ensuite, vous souderez les composants passifs : les résistances, les condensateurs, le résonateur, le bouton poussoir ainsi que le support du microcontrôleur. Puis vous terminerez par les éléments actifs : régulateur de tension et Led. On ne placera le microcontrôleur qu'après avoir effectué les différents tests qui suivent.

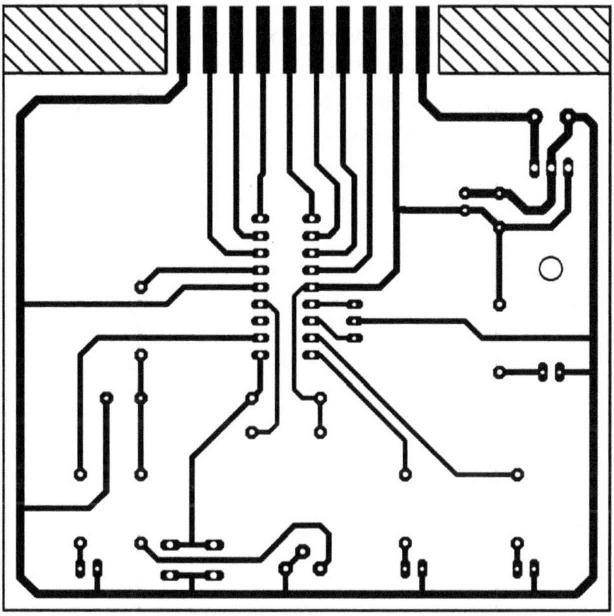

Figure 7.3.
Circuit imprimé côté cuivre.

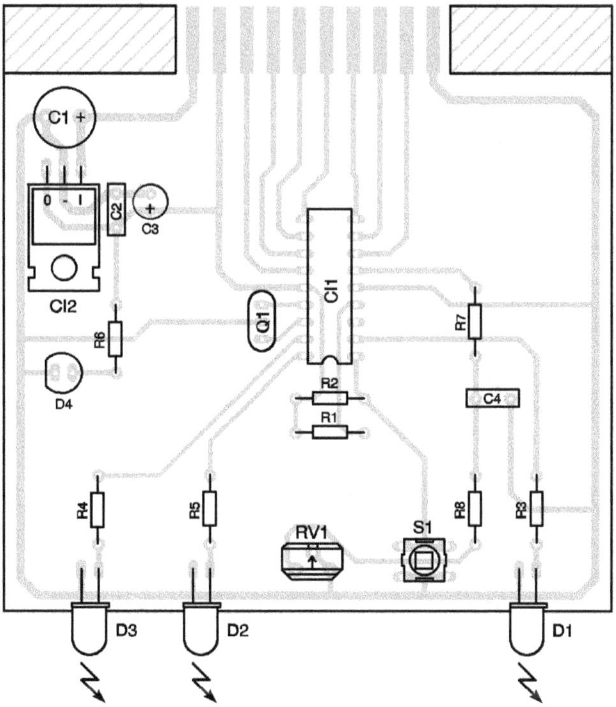

Figure 7.4.
Implantation des composants.

Liste des composants

Résistances :
R1, R8 = 10 kΩ
(marron, noir, orange, or)
R2 = 100 kΩ
(marron, noir, jaune, or)
R3, R4, R5, R6 = 1 kΩ
(marron, noir, rouge, or)
R7 = 470 Ω
(jaune, violet, marron, or)
RV1 = 220 kΩ
(ajustable vertical)

Condensateurs :
C1 = 100 µF 16 V (radial)
C2, C4 = 100 nF
C3 = 10 µF 16 V (radial)

Semi-conducteurs :
D1, D4 = Led rouge
D2 = Led jaune
D3 = Led verte
CI1 = PIC16F84
CI2 = LM2940-5

Divers :
Q1 = résonateur 4 MHz
S1 = poussoir pour circuit imprimé
Support pour CI 18 broches

N'oublions pas les modifications à apporter à la carte de motorisation. Les cavaliers devront toujours être en position normale ; on doit enlever le circuit intégré CI1 (LM324) ; les résistances ajustables doivent être tournées au maximum (vers la droite), et, pour finir, il faut réaliser deux ponts de soudures entre les broches du circuit intégré que l'on a enlevé. La broche 8 doit être reliée à la broche 10, et la broche 12 doit être reliée à la broche 14.

Tests et maintenance

On commencera à placer la résistance ajustable en position médiane. Ne pas installer la carte de commande des moteurs ni le microcontrôleur. Après avoir placé la carte dans le connecteur sur le châssis du robot et basculé l'interrupteur pour commuter la tension d'alimentation sur la carte, on observera que la Led rouge D4 est allumée. Alors, on pourra commencer à mesurer les différentes tensions sur les points de test. Les mesures sont regroupées dans le **tableau 7.2.**

Point de mesure	1 du connecteur et 1 de CI2	2 du connecteur et 14 de CI1
Tension mesurée	7,2 V	5 V

Tableau 7.2. Tensions mesurées au point de test.

Toutes les tensions sont mesurées par rapport à la masse sur la carte.

Il est possible de tester les Led en réalisant un pont entre la broche 14 du support du circuit intégré et l'une des broches 2 pour la Led rouge, 17 pour la Led verte ou 18 pour la Led jaune. Après avoir mesuré et vérifié toutes les tensions, on placera le microcontrôleur programmé.

Si différents problèmes sont apparus lors de ces tests, on pourra incriminer une mauvaise soudure ou un court-circuit.

Pour le réglage de RV1, il faut installer la carte de commande des moteurs, car ce réglage est plus facile avec le robot en marche.

7.6 OBSERVATIONS ET DISCUSSIONS

Ce chapitre est une évolution du chapitre 3 : il a été question de commande des moteurs par MLI, mais cette fois en utilisant les possibilités de la programmation. La solution retenue est une parmi d'autres, la programmation étant une affaire de réflexion, il existe d'autres solutions pour générer des signaux de ce type.

Au-delà de l'exemple, c'est tout un nouveau monde qui est à votre portée. La capacité mémoire du composant n'est pas encore atteinte.

Dans le chapitre suivant, on verra comment faire une conversion analogique numérique avec une broche uniquement logique.

Programmer en assembleur

Le fabricant des composants PIC, Microchip, a proposé un concept novateur dès le début. Alors que la plupart des autres grands fournisseurs de composants ne se contentaient que de fabriquer des microprocesseurs, Microchip proposa des microcontrôleurs pas chers, et surtout offrit un environnement de développement avec simulation pour tous ses composants.

Autre point important : la structure interne de ces composants est tournée vers la simplicité. En effet, la programmation en assembleur d'un composant était jusque-là un parcours du combattant, mais avec les PIC, le nombre d'instructions est réduit et il est plus facile de lire ou d'écrire sur une ligne du composant.

Tous ces aspects réunis ont conduit les PIC à devenir l'un des composants les plus utilisés.

On trouve en téléchargement sur le site de Microchip des exemples pour tous les composants, des applications plus sérieuses et surtout l'environnement de développement MPLAB : *http://www.microchip.com.*

CHAPITRE PAGE

8 LE CHAT

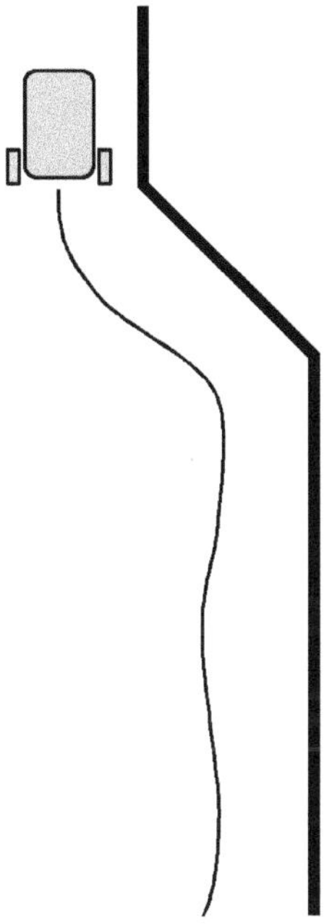

Figure 7.1.
Le robot chat.

Une des particularités du chat est d'aimer se frotter contre quelqu'un ou de longer les murs. Notre robot chat aura un comportement proche, dans le sens où lui aussi longera les murs, mais sans les toucher (**figure 8.1**), contrairement au robot taupe qui se cognait contre les murs.

Ici encore, on va discuter et envisager la vision sur un robot. Sachons d'abord éviter les pièges : notre robot ne voit pas, bien sûr, mais les capteurs que l'on peut employer vont permettre de doter notre mobile d'organes de détection sans contacts. Cette approche d'un capteur est toujours à comparer avec le monde réel. Les animaux possèdent des organes de vision (les yeux) plus ou moins évolués. Certains animaux qui n'ont pas une vision normale ont intégré le fait qu'ils ne peuvent pas faire confiance aux informations reçues. Une lumière aveuglante ou saccadée sera assimilée à des informations saturées ou clignotantes, qui indiqueront un danger imminent. Nul besoin d'un œil sophistiqué pour percevoir ces signaux visuels. Les techniques pour convertir ces signaux visuels en signaux électriques existent. Un traitement adapté à chaque type de capteurs est nécessaire afin d'utiliser ces informations sur un robot. Si plusieurs types de capteurs peuvent être utilisés, leurs caractéristiques différentes ne leur permettent pas de résoudre les mêmes problèmes, ce qui peut avoir un intérêt si l'on arrive à exploiter leurs avantages respectifs.

8.1 LA DÉTECTION D'UN OBSTACLE

La distance à partir de laquelle ce robot détecte le mur qu'il longe semble constante. Au chapitre 4, nous nous sommes intéressés aux techniques pour éviter un obstacle. Parmi ces techniques, nous avions mentionné les infrarouges. Nous allons étudier différents capteurs permettant de résoudre ce problème, en mettant l'accent sur les avantages et les inconvénients de chacun, et surtout la facilité ou difficulté à les mettre en œuvre dans un robot.

La nature de l'obstacle est d'une importance essentielle pour le capteur de vision. La forme, la couleur, la matière sont autant d'informations sur les obstacles que peut rencontrer notre robot.

La forme de l'obstacle est le paramètre le plus difficile à prendre en compte sur un robot analogique sans programmation (et même sur un robot sophistiqué).

La couleur et la matière sont des paramètres liés, pour certains capteurs utilisant la lumière comme transport des informations, ou indépendants, pour les capteurs utilisant le son pour transporter les signaux utiles.

Les infrarouges

L'utilisation des infrarouges pour les capteurs permet de filtrer les lumières parasites de la journée, des néons et des projecteurs puissants utilisés pour les démonstrations.

Différents modèles de capteurs peuvent être utilisés pour réaliser ce type de détection.

Les capteurs simples

Le principe de fonctionnement est simple : la diode émet une lumière infrarouge en direction du mur et le phototransistor reçoit les photons par réflexion sur le mur. La distance de fonctionnement dépend de la sensibilité du récepteur et de la puissance de l'émetteur.

On peut se procurer les deux éléments séparés ou prendre un module où sont déjà intégrés les deux éléments. Dans le cas présent, il est plus avantageux de réaliser soi-même le montage que de choisir un modèle intégré. Les composants intégrés permettant de détecter des cibles à 10 cm ou plus ne sont pas légion, et leur coût est très élevé.

Ce type de capteur permet de fournir une information proportionnelle, mais dans le cas d'une détection de mur, on préférera convertir cette information analogique en un signal de type logique, tout ou rien, afin de commander les sens de rotation des moteurs.

Il est donc nécessaire d'interfacer les éléments avant de traiter les informations qui agiront sur les moteurs (**figure 8.2**). On détermine expérimentalement la valeur de la résistance de charge du phototransistor en situation pour une distance choisie inférieure à 20 cm. De grosses surprises nous attendent lors de cette démarche, car il y a des différences importantes sur les distances d'un modèle à l'autre (entre 1 cm et 30 cm). Sur le schéma, on a repris

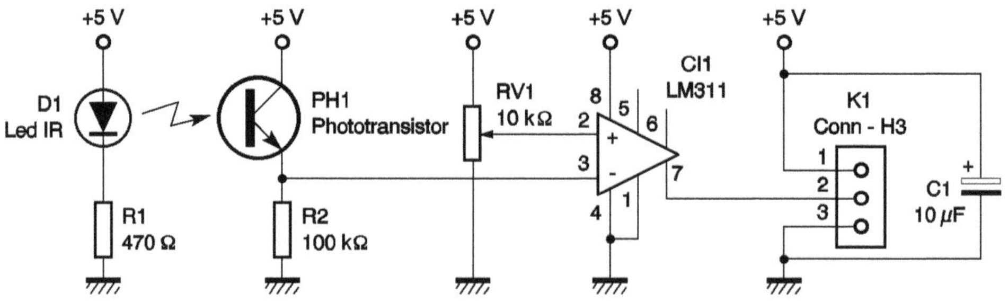

Figure 8.2.
L'interface des capteurs.

le montage vu au chapitre 5, où l'émetteur est polarisé par une résistance de 470 Ω et la résistance de charge du phototransistor est variable autour de 50 kΩ, afin de s'adapter aux différents capteurs que l'on trouvera. Un comparateur permet de mettre en forme le signal à fournir pour traitement. Le composant choisi (LM 311) permet un interfaçage direct avec les circuits logiques par l'utilisation d'une résistance placée entre le + 5 V et la sortie 7 du composant. Pour garantir la qualité du signal fourni, cette résistance sera placée sur la carte de commande du robot.

On réalise deux petites cartes électroniques qui regroupent les éléments de polarisation d'un capteur à réflexion. Les **figures 8.3** et **8.4** présentent le circuit imprimé et le plan de câblage de l'interface des capteurs.

Liste des composants

Résistances :
R1 = 470 Ω
R2 = 100 kΩ
Résistance variable :
RV1 = 10 kΩ
Condensateur :
C1 = 10 µF
Semi-conducteurs :
D1 = LD271
PH1 = BPW42
CI1 = LM311

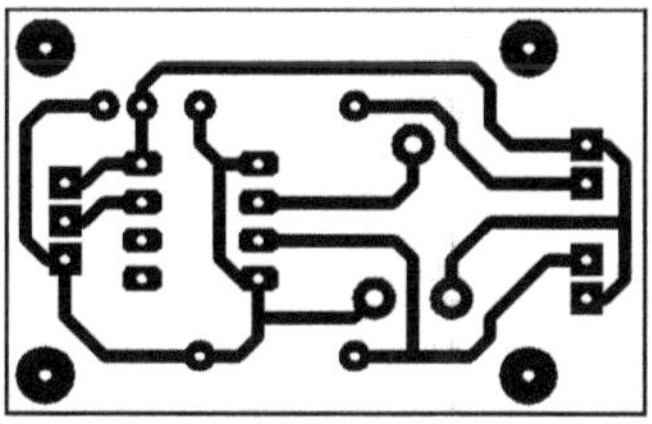

Figure 8.3.
Circuit imprimé de l'interface des capteurs.

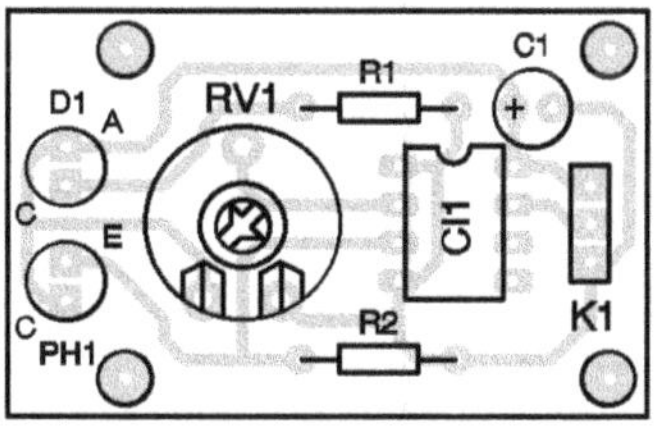

Figure 8.4.
Implantation des composants de l'interface des capteurs.

Les capteurs codés

Les capteurs infrarouges codés sont des ensembles de composants qui réalisent la fonction souhaitée. En dehors des éléments infrarouges, on trouve plusieurs schémas qui dépendent de la fiabilité requise. On trouve, dans ce domaine, des solutions discrètes avec des codages fréquentiels par VCO dont le coût reste faible, mais aussi de petits composants, intégrant presque tout, qui sont à peine plus chers et surtout plus fiables.

Des solutions plus sophistiquées utilisant des petits microcontrôleurs permettent de plus grandes portées, en codant les signaux d'émission et en analysant les trames reçues pour détecter les erreurs.

Les **figures 8.5** et **8.6** présentent les schémas des deux capteurs pouvant être utilisés sur notre robot. Le choix est laissé au lecteur, s'il souhaite étudier le modèle à composants discrets pour jouer sur les valeurs des éléments ou si l'approche du capteur n'est pas l'élément intéressant du robot.

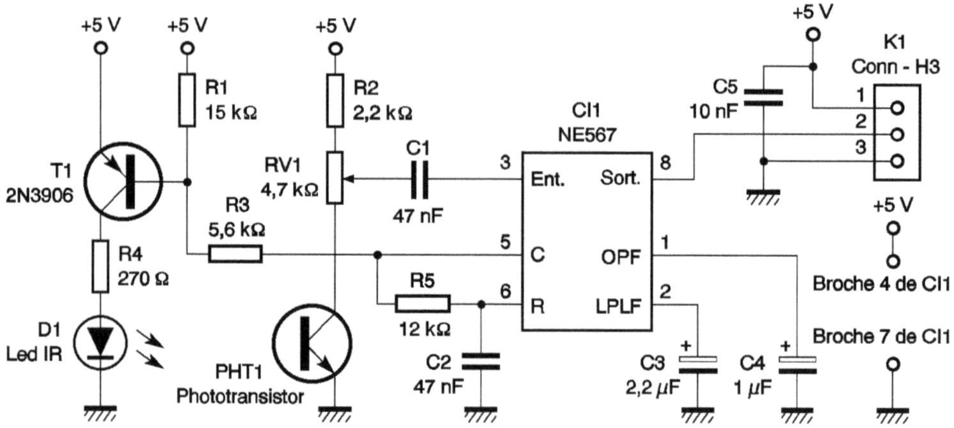

Figure 8.5.
Montage à composants discrets.

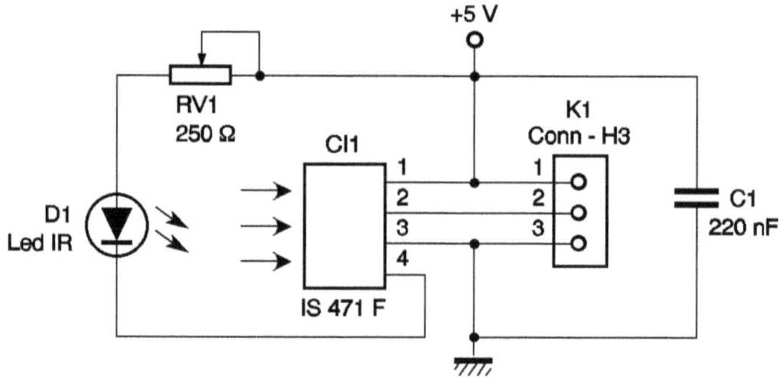

Figure 8.6.
Montage avec le circuit IS 471 F.

Explication des deux montages

Les deux montages utilisent la technique du décodeur de fréquence. Cette technique consiste à vérifier la concordance entre deux fréquences et à délivrer un signal logique en fonction du résultat. Dans les deux cas, ici, c'est le circuit qui génère la fréquence d'émission pour la Led infrarouge. Le capteur est intégré dans le composant au niveau du deuxième montage, alors que différents composants autour du capteur sont nécessaires pour le premier montage.

Les fréquences d'émission sont de 3 kHz et 8 kHz.

Pour régler la distance de détection, on utilise une résistance variable, qui représente la charge du phototransistor dans le premier montage, et on fait varier la résistance de limitation du courant dans la Led d'émission pour le deuxième montage.

Les **figures 8.7** et **8.8** présentent le circuit imprimé et le plan de câblage des capteurs codés.

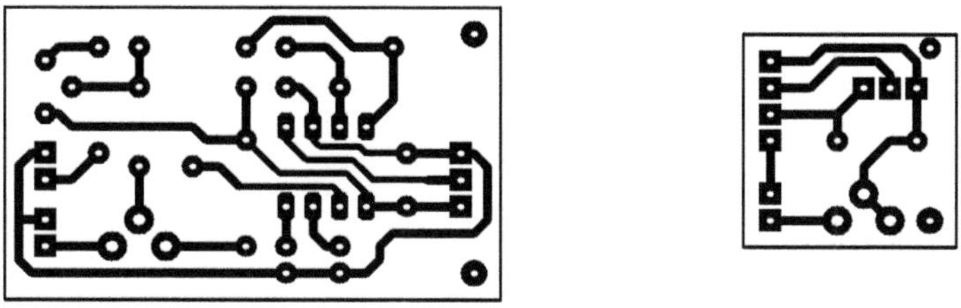

Figure 8.7.
Circuit imprimé des capteurs codés.

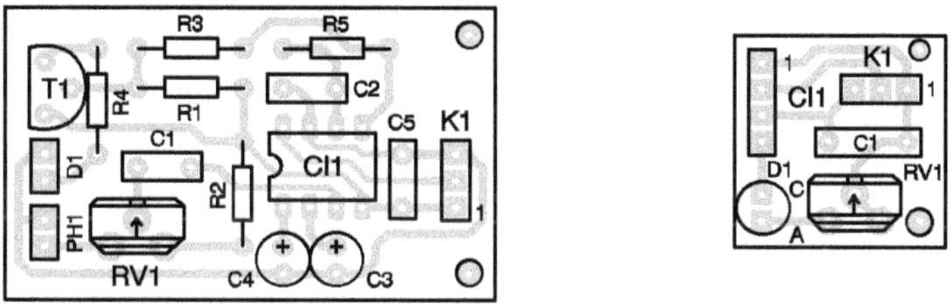

Figure 8.8.
Implantation des composants des capteurs codés.

Liste des composants

Montage de gauche

Résistances :
R1 = 15 kΩ
R2 = 2,2 kΩ
R3 = 5,6 kΩ
R4 = 270 Ω
R5 = 12 kΩ

Résistance variable :
RV1 = 4,7 kΩ

Condensateurs :
C1, C2 = 47 nF
C3 = 2,2 µF
C4 = 1 µF
C5 = 10 nF

Semi-conducteurs :
D1 = LD271
PH1 = BPW42
T1 = 2N3906
CI1 = NE567

Montage de droite

Résistance variable :
RV1 = 250 Ω

Condensateur :
C1 = 220 nF

Semi-conducteurs :
D1 = LD271
CI1 = IS471F

Autre capteur infrarouge

Si la matière constituant l'obstacle est vivante et non pas inerte, alors on peut utiliser un capteur infrarouge puisque la chaleur humaine ou animale est source d'un rayonnement infrarouge. Ces capteurs pyrotechniques sont utilisés dans notre vie de tous les jours pour notre confort (ouverture des portes d'un magasin) ou notre sécurité (alarme). La mise en place de ce capteur sur un robot permet de lui donner une dimension nouvelle. Un tel robot peut être utilisé, par exemple, pour la détection d'un feu dans un bâtiment inoccupé.

Les ultrasons

Les ultrasons sont utilisés pour mesurer des distances comprises entre 20 cm et plusieurs mètres. En raison de ces caractéristiques, on ne peut pas les utiliser pour détecter les faibles distances. Le chapitre 9 traitera d'un robot utilisant cette technique.

La lumière visible

A priori, les capteurs utilisant la lumière du jour ne permettent pas de détecter correctement un obstacle. Mais si l'objet à détecter est proche et si la luminosité est stable, une matrice de cellules peut donner des informations intéressantes, voire créer un œil pour détecter des formes simples.

Cette approche est ancienne, elle rappelle les premières techniques des années soixante pour concevoir un œil sous la forme d'une matrice de cellules très serrées et très nombreuses. Le traitement nécessaire était énorme et demandait des ressources informatiques importantes.

La caméra CCD est maintenant plus performante et les logiciels de reconnaissance de formes et de couleurs sont en constante évolution.

8.2 LA CONSTRUCTION

La partie construction se résume ici à placer les deux cartes de détection sur les côtés coupés, sur le devant du châssis.

Les deux cartes seront réalisées, comme pour la carte principale, en prenant quelques précautions dès que l'on manipule des capteurs (**photo 8.1**). Le réglage des cartes ne pourra pas se faire sans la carte principale.

Photo 8.1.
Les capteurs.

Enfin, il faudra relier les cartes des capteurs avec le connecteur de la nouvelle carte de traitement. Trois entrées sont disponibles au choix pour trois capteurs au maximum, sans oublier les deux fils pour l'alimentation du ou des capteurs. Il s'agit des bornes 2, 3, 8, 9 et 10. La borne 2 pour une alimentation 5 volts avec la masse en 10 et 3, 8 et 9 comme entrées disponibles.

8.3 LES PILOTES LOGICIELS

La programmation est comme une valeur ajoutée entre le capteur et son utilisation. On peut se contenter de lire une entrée et d'agir sur le robot sans autre forme de procès. Pour les derniers capteurs décrits, cela est vrai, mais pour la version simple, il peut être nécessaire d'adapter les informations reçues pour éviter les erreurs de mesure.

Le pilote logiciel (*driver*) est un petit bout de programme qui lit une entrée et délivre une information vraie ou fausse après traitement.

L'intérêt de la manœuvre réside dans la simplicité de mise au point du bout de programme en comparaison avec la réalisation électronique équivalente. L'avantage évident de la programmation n'est pas tout de suite perçu par le débutant ; non seulement il est possible de remplacer toute une électronique parfois délicate à mettre au point, mais on peut aussi réaliser pleinement les notions de traitement : traitement de l'information pour éliminer les erreurs de mesure d'une part, mais aussi analyse des informations dans le temps pour donner la réponse la plus adaptée.

Les capteurs intelligents

Les capteurs qui sont proposés sont déjà très intéressants : ils utilisent un codage et le domaine des infrarouges. Cependant, ils ne sont pas intelligents. Un capteur intelligent, c'est un capteur qui utilise un pilote logiciel, donc un composant programmable. L'information qui est délivrée peut être simple, c'est-à-dire un niveau logique, ou plus évoluée après traitement. On peut trouver, dans ce cas-là, des informations numériques qui sont transmises avec des protocoles de dialogue spécifiques, liaison RS232, bus USB, bus I2C, bus CAN.

L'exemple qui suit, **figure 8.9**, montre l'étude d'un capteur infrarouge, simple en apparence, dont le fonctionnement nécessite un composant programmable. C'est le programme qui donnera toute sa fiabilité à l'ensemble.

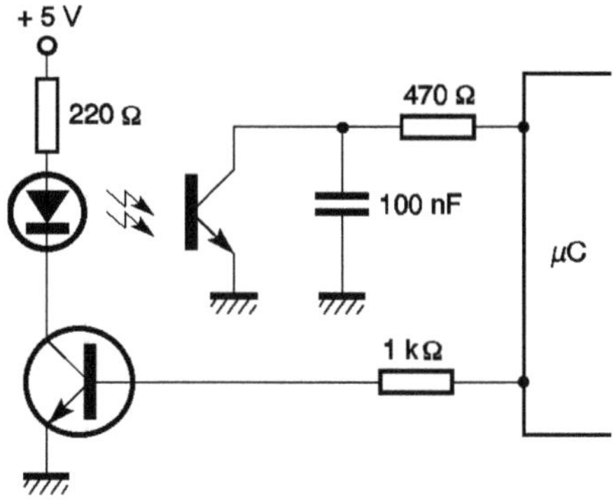

Figure 8.9. **Un capteur intelligent.**

Son fonctionnement est assez simple mais surtout bien adapté aux composants programmables à bas coût. Effectivement, ceux-ci ne possèdent pas d'entrées analogiques.

Il fonctionne sur quatre temps. Dans un premier temps, on charge la capacité par la ligne du microcontrôleur, qui est paramétrée en sortie. Au bout de 5 τ ($\tau = R \cdot C$), la capacité est considérée comme chargée. Alors, deuxième étape, on bascule la ligne en entrée, et la capacité se décharge dans le phototransistor. Cela peut durer longtemps, quelques millisecondes, suivant la lumière ambiante. On mesure ce temps. Troisième étape, on recommence la charge du condensateur. Enfin, dernière étape, on allume la diode infrarouge et on reprend l'étape 2. S'il y a un obstacle devant le capteur, qui réfléchit la lumière infrarouge de la diode émettrice vers le phototransistor, celui-ci sera plus conducteur et le condensateur se déchargera plus vite. On mesure ce nouveau temps afin de le soustraire au premier et on trouve une information pertinente sur la distance de l'obstacle au capteur.

C'est comme cela que fonctionne la mesure de la résistance variable du chapitre précédent.

8.4 LA PROGRAMMATION

À partir des observations sur la forme des signaux issus des capteurs et du fonctionnement du robot, on constate que la résolution du problème passe par l'utilisation des fonctions logiques. Une table de vérité détaillera les niveaux en entrée et la correspondance pour le sens de rotation des moteurs (**tableau 8.2**).

Tableau 8.2	**Capteur Devant**	**Capteur Droit**	**Moteur Gauche**	**Moteur Droit**
Avance	1	1	0	0
Rotation à la gauche	1	0	1	0
Rotation à la droite	0	1	0	1
Rotation à gauche + Tempo	0	0	1	0

Les niveaux 1 en entrée représentent un capteur au repos, c'est-à-dire qu'il n'y a pas d'obstacle en vue. Un niveau 0 en sortie indique une rotation du moteur concerné, en marche avant.

Le programme qui suit traduit donc une lecture des entrées suivie par des ordres de sens de rotation sur les moteurs. L'organigramme et le listing suivant ne correspondent qu'à la partie traitée, c'est-à-dire la boucle de programme.

L'organigramme

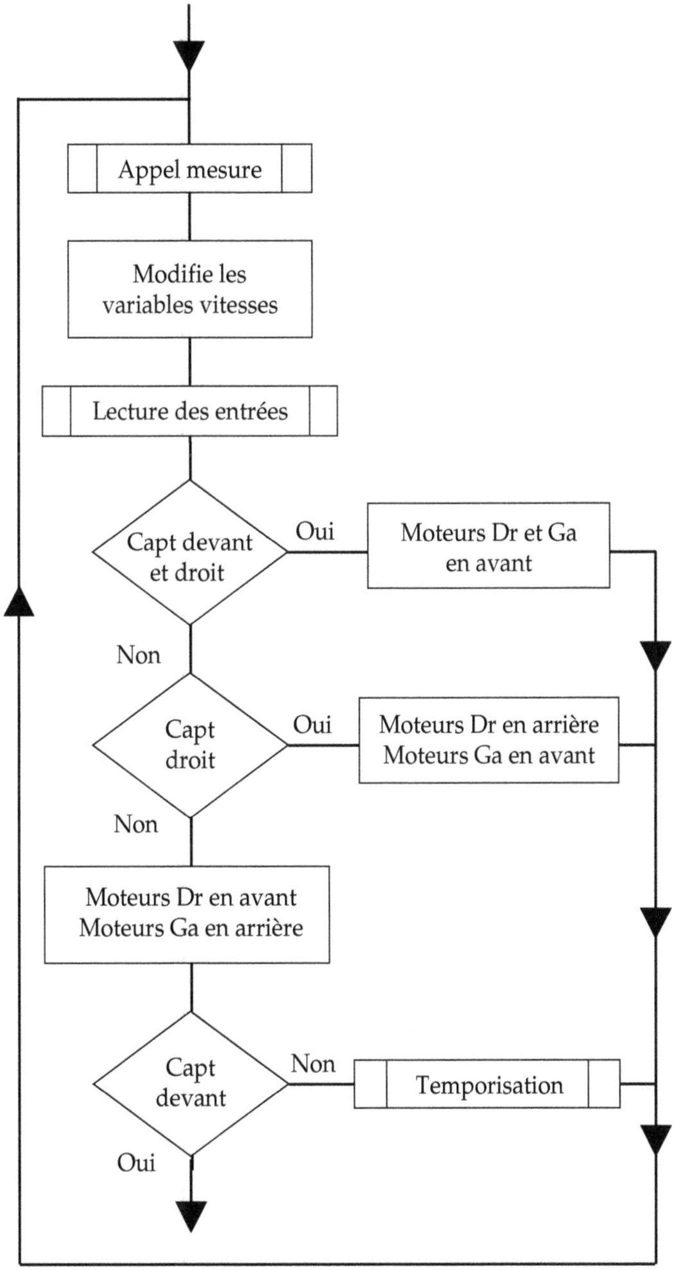

Le listing

Le listing doit être complété par les définitions suivantes et modifié par le programme qui suit.

```
;**********************************************
;           Définitions et Constantes
;**********************************************
#define     Sens_Dr    PORTB,4     ; Sens du Moteur Droit sur RB4
#define     Sens_Ga    PORTB,5     ; Sens du Moteur Gauche sur RB5
#define     Entree_A   PORTB,7     ; Entrée A
#define     Entree_B   PORTB,2     ; Entrée B
#define     Moteur_Dr_Av   bcf   Sens_Dr    ; Moteur Dr en avant
#define     Moteur_Dr_Ar   bsf   Sens_Dr    ; Moteur Dr en arrière
#define     Moteur_Ga_Av   bcf   Sens_Ga    ; Moteur Ga en avant
#define     Moteur_Ga_Ar   bsf   Sens_Ga    ; Moteur Ga en arrière
//
//
//
;**********************************************
;          Programme exécuté en boucle
PROG
       call        CAN                 ; Lance une mesure CAN
       movf        CAN_Compt_Test,W    ; La valeur obtenue
       movwf       MLI_rapport_Dr      ; définit les nouvelles
       movwf       MLI_rapport_Ga      ; vitesses droite et gauche

;              Programme chat
       btfss  Entree_A                 ; Teste le capteur devant
       goto   Test_2                   ; Test 2 si = 0
       btfss  Entree_B                 ; Teste le capteur droit
       goto   Test_3                   ; Test 3 si = 0
Test_1           ; Robot chat avance
       Sens_Dr_Av
       Sens_Ga_Av
       goto   Test_Fin
Test_2           ; Robot chat à droite
       btfss  Entree_B                 ; Teste le capteur droit
       goto   Test_3                   ; Test 3 si = 0
       Sens_Dr_Ar
       Sens_Ga_Av
       goto   Test_Fin
Test_3           ; Robot chat à gauche
       Sens_Dr_Av
       Sens_Ga_Ar
       btfss  Entree_A                 ; Teste le capteur devant
       call   Tempo_250ms              ; Tempo si = 0
       call   Tempo_250ms
       call   Tempo_250ms
       call   Tempo_250ms              ; durée totale 1 seconde
Test_Fin
       goto        PROG
;**********************************************
```

Fonctionnement du robot chat

Précédemment, on a observé l'importance du placement des capteurs. Raisonnons sur le comportement souhaité et le traitement à apporter. Le premier robot, avec deux capteurs placés sur les côtés, permettra de longer un mur indifféremment à gauche ou à droite mais réagira mal à un obstacle placé devant lui, d'où un traitement plus compliqué associé à une vitesse réduite. Une solution consiste à ajouter un capteur devant. Mais est-il intéressant de longer un mur du côté droit et du côté gauche, à moins d'être dans un couloir étroit (pour le robot) ? Vient alors l'idée de placer un capteur devant et un deuxième sur le côté, sans oublier de dérégler les vitesses des deux moteurs afin d'obtenir une trajectoire en arc de cercle vers le mur détecté.

Le résultat est proche du robot taupe sans le contact, mais avec un mouvement donnant une impression plus fluide et une réaction plus rapide pour contourner un mur placé devant lui. Pour cela, un traitement logiciel est écrit. Les informations issues des capteurs sont numérisées, et on agit uniquement sur les sens de rotation des moteurs.

Ce traitement logique doit donc inclure une temporisation réglable pour verrouiller une action malgré l'évolution des entrées. Dans le cas présent d'une action par logiciel, la durée de cette temporisation est interne au programme. Elle ne peut donc pas être modifiée par un organe externe comme une résistance variable.

Tests et maintenance

Pour les cartes des capteurs, les réglages se résument à régler la distance de détection d'un obstacle plat de couleur blanc. Un mur sur lequel on place une feuille de papier convient parfaitement.

Pour la carte de programmation, il sera certainement nécessaire de modifier la vitesse pour l'adapter au nouveau comportement. On commencera par une vitesse faible, et il faudra peut-être modifier le programme pour introduire une petite différence de vitesse entre les deux moteurs.

8.5 OBSERVATIONS ET DISCUTIONS

Première observation sur le fonctionnement de ce robot chat : son évolution dépend beaucoup de la forme et de l'orientation des obstacles sur sa route.

La deuxième observation porte sur la partie capteur, qui doit être apte à réagir dans tous les cas. Cette partie étant la plus critique, les nombreux essais de réglage de différents capteurs apporteront une grande expérience.

La création d'un pilote logiciel apporte une dimension très importante au traitement des informations, d'une part, dans la qualité de l'information délivrée : fiable et délivrée seulement quand cela est nécessaire, d'autre part, sur le traitement dans le temps qu'il est possible de réaliser. C'est-à-dire qu'il doit donner une information, non seulement utile, mais surtout pertinente. Pour cela, il est nécessaire de mémoriser les différentes réponses délivrées dans le temps pour chaque combinaison d'entrée. Cela peut permettre d'éviter des obstacles déjà rencontrés et d'améliorer les déplacements.

On parle dans ce cas-là d'apprentissage et, donc, d'intelligence artificielle.

Autres comportements

Dans le domaine de la détection d'obstacle sans collision, de nombreux capteurs peuvent être utilisés. Suivant leur comportement face à un obstacle donné, certaines idées peuvent prendre forme quant à leur emploi dans une situation donnée. Mais il sera toujours plus prudent de recouper les informations issues de plusieurs capteurs pour détecter une forme précise, une couleur précise ou encore une matière particulière.

Et pourquoi ne pas essayer de détecter un rayonnement infrarouge issu d'une balise, et de s'aligner dessus ?

CHAPITRE PAGE

9 LA CHAUVE-SOURIS

Les ultrasons sont utilisés dans différents domaines. La mesure de distances comprises entre 20 cm et 10 m, l'autofocus des appareils photographiques et caméras, et la détection d'intrusions pour les systèmes d'alarme sont parmi les plus connues des applications qui utilisent cette technologie.

L'approche intéressante pour un robot est la connaissance précise de la distance de l'obstacle afin d'adapter son comportement.

En observant une chauve-souris qui utilise l'écholocation pour se diriger dans l'obscurité, on peut espérer une approche similaire sur notre robot après traitement.

En général, on utilise les ultrasons sur les robots de taille respectable, en plaçant plusieurs capteurs tout autour. En mesurant les distances sur les quatre côtés d'un robot, on peut décider du chemin à prendre ou repérer un obstacle qui vient d'apparaître sur le passage.

Sur un robot de moindre dimension, un seul capteur monté sur un axe en rotation, placé en hauteur ou en faisant tourner le robot sur lui-même, peut résoudre le même problème.

Si l'information est précise, elle nécessite un bon alignement de la cible. Cette remarque implique la nécessité de réfléchir à la position des capteurs. Une des idées consiste à placer quatre capteurs espacés d'un angle de 15° vers l'avant. De cette manière, on espère détecter l'obstacle plus rapidement.

La **figure 9.1** présente un robot utilisant plusieurs ultrasons pour déterminer la direction à suivre afin se dégager de l'impasse.

9.1 LES DÉTECTEURS À ULTRASONS

Principe de fonctionnement

Le terme ultrasons désigne tout d'abord des sons à haute fréquence, mais correspond dans la réalité aux sons qui sont placés juste au-dessus de la bande passante de l'oreille humaine. L'intervalle de fréquence correspondant aux ultrasons va de 20 kHz à 500 kHz, puis au-delà se trouve la bande qui est allouée aux radios AM. Les sons à ces fréquences sont bien plus directionnels qu'à des fréquences basses. Plus le son est haut, plus forte encore est la directivité. La vitesse de propagation d'un son au niveau de la mer est de 346 $m \cdot s^{-1}$, mais cette vitesse peut varier suivant plusieurs facteurs : l'altitude, l'humidité, la température et la pression atmosphérique. Un système de mesure par ultrasons calcule la distance entre deux points au moyen de deux actions (**figure 9.2**). La première action consiste à émettre une

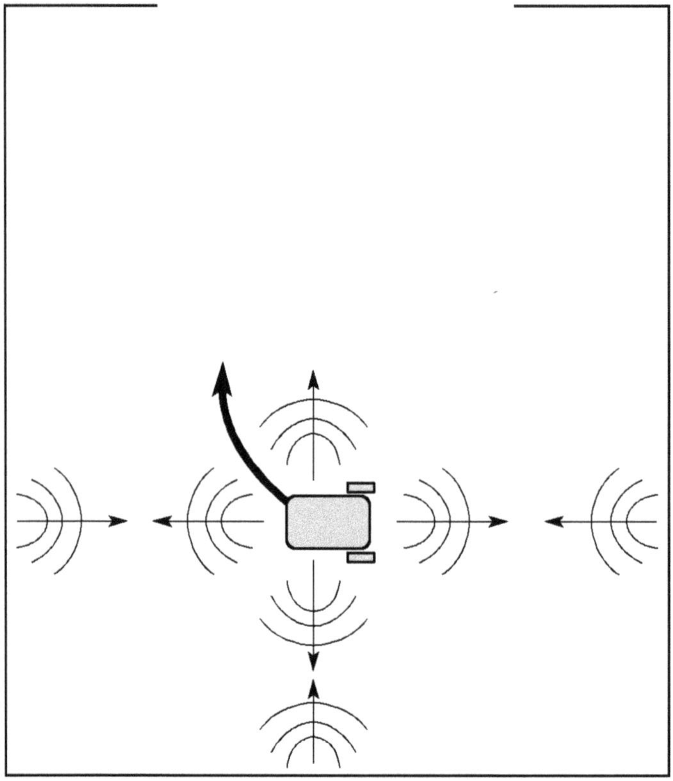

Figure 9.1.
Robot chauve-souris.

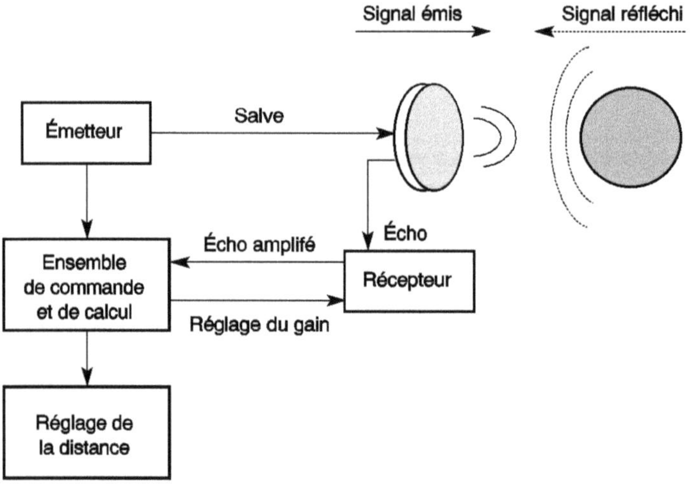

Figure 9.2.
Système de mesure de distance pour autofocus.

courte salve à haute fréquence et la deuxième action, à attendre le retour de l'écho. Quand un écho est reçu, la distance peut être calculée en divisant le temps mesuré entre l'émission et la réception par deux. Cette division est nécessaire pour tenir compte du fait que le temps obtenu correspond au temps que met le son pour aller depuis l'émetteur jusqu'à l'obstacle et revenir jusqu'au récepteur.

Voici quelques équations pour donner les grandeurs en jeu et un exemple de calcul :

À 0 °C, (soit 273 K) on trouve :

$$v = 330 \text{ m} \cdot \text{s}^{-1}$$

À la température ambiante (18 °C), la vitesse du son est de 341 $\text{m} \cdot \text{s}^{-1}$.

La distance D entre un obstacle et le robot est calculée comme suit :

$$D = \frac{vt}{2}$$

où t est la durée entre l'émission de la salve et la réception de l'écho.

Tout ça, c'est de la théorie ! Dans la pratique, ce n'est pas aussi simple. Le problème le plus sérieux est le réglage du gain du récepteur pour l'échelle de distance souhaitée, sans introduire d'interaction entre l'émetteur et le récepteur par déclenchement direct. La plupart des systèmes commerciaux résolvent ce problème en utilisant un amplificateur de gain variable pour le récepteur et augmentent le gain de l'étage en fonction du temps. Le résultat obtenu est que le circuit démarre avec un gain faible, puis augmente avec le temps à mesure que l'écho revient de plus loin avec une amplitude faible. Cette technique permet des mesures précises, de 20 cm jusqu'à 10 m environ.

Bien que cette approche soit probablement la meilleure solution à ce problème, elle met en œuvre un système trop complexe pour un robot qui se veut didactique. Nos besoins sont moins grands et il nous suffira de savoir si le robot est proche ou loin de l'obstacle pour décider notre robot à agir, pour l'éviter par exemple.

Nous proposons une solution simple et originale. Cette solution est très facile à réaliser et correspond parfaitement à l'objectif annoncé. Son originalité réside dans le principe même de fonctionnement du détecteur à ultrasons, et sa simplicité, dans le schéma et l'information disponible (**photo 9.1**).

L'idée de départ est de réaliser le détecteur à ultrasons le plus simple possible. On a décidé d'éliminer l'idée d'émettre des salves et de mesurer l'amplitude du signal reçu. Il n'est donc pas possible de mesurer des distances, c'est seulement une détection en tout ou rien. C'est-à-dire que si un objet est à une distance

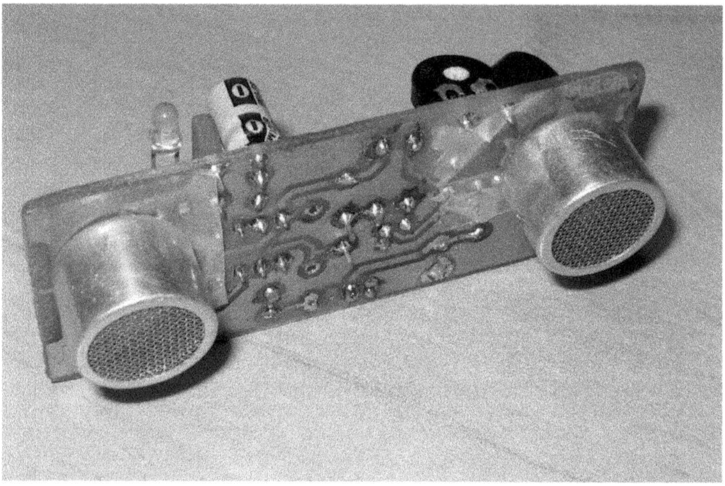

Photo 9.1.
Le détecteur à ultrasons.

inférieure à un seuil réglable, celui-ci est détecté. Mais une fois détecté, il reste verrouillé même si l'objet recule un peu. On constate une petite hystérésis générée par l'idée principale du montage.

L'originalité, c'est d'utiliser le principe de l'effet larsen, bien connu dans le domaine musical. L'effet larsen, ou réaction acoustique, apparaît lorsque le son émis par le haut-parleur revient au microphone.

Lorsqu'un objet réfléchissant est suffisamment proche du récepteur à ultrasons, celui-ci reçoit un faible signal ultrason généré par l'émetteur, signal qui est immédiatement amplifié et envoyé à l'émetteur. Le signal est entretenu par la réaction puis est mis en forme afin de pouvoir être exploité par une entrée du microcontrôleur.

Cette réaction acoustique est optimale sur la fréquence des ultrasons, en raison de la présence des deux éléments : émetteur et récepteur optimisés pour ces fréquences.

Ce principe simpliste présente quelques inconvénients évidents, dont le plus important est la nature de l'objet à détecter, et un autre, plus insidieux, est sa sensibilité aux sonorisations trop fortes.

9.2 LE SCHÉMA ÉLECTRONIQUE

Le schéma montre deux parties (**figure 9.3**) : l'une est l'amplification des signaux ultrasons, et l'autre est la mise en forme des signaux pour obtenir une compatibilité avec d'autres systèmes.

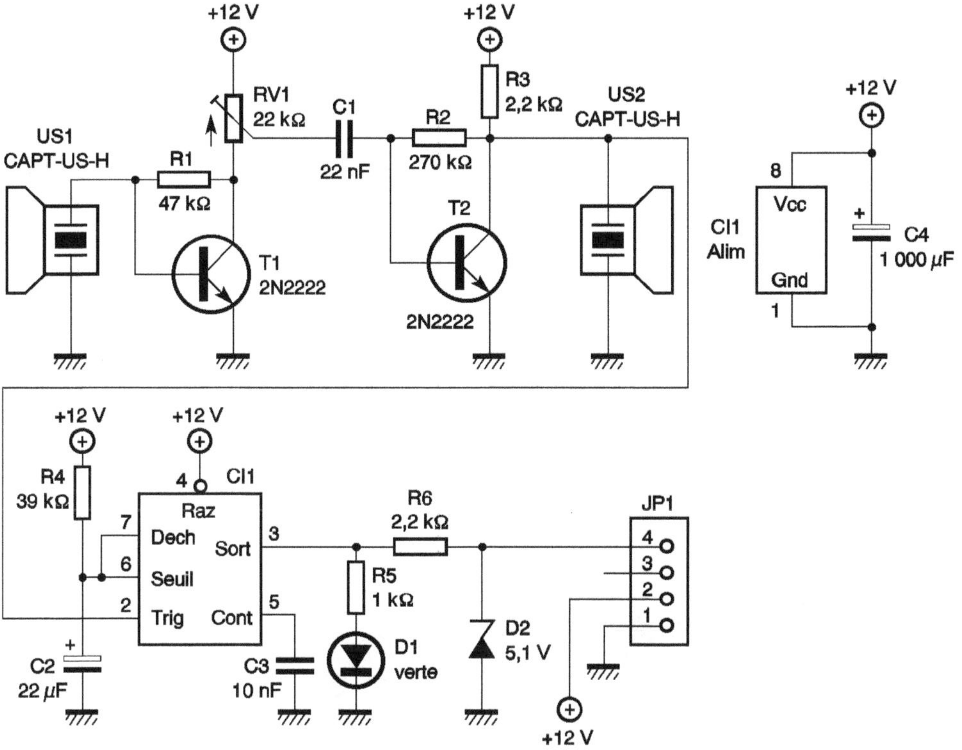

Figure 9.3.
Le schéma du détecteur à ultrasons.

Le récepteur ultrason US1 est amplifié par un premier étage à transistor bipolaire dont le gain est réglable par RV1. Cette résistance ajustable permet de régler la distance de capture des obstacles.

Le lien entre les deux étages se fait par une liaison capacitive. La composante alternative du signal est transmise au second étage par la capacité C1. Ce point est très important, car le deuxième étage est réglé pour que la tension sur le collecteur de T2 soit juste au-dessus du seuil de déclenchement du 555 monté en monostable.

Lorsque l'effet larsen apparaît, la tension sur le collecteur de T2 passe sous les 1/3 de *Vcc* et déclenche le monostable réalisé autour du classique 555. La sortie de ce circuit, qui était à l'état bas au repos, passe à l'état haut pendant 1 seconde environ. Cette durée est obtenue par le choix des deux composants R4 et C2, elle est égale au produit $1{,}1R4 \cdot C2$.

Afin de vérifier le bon fonctionnement du détecteur, une Led verte a été ajoutée au montage. N'oublions pas le bon gros condensateur C4, indispensable en présence de charges inductives telles que les moteurs d'un robot.

Pour améliorer la portée, la tension d'alimentation est celle de la batterie du robot. Cependant, le signal devant être transmis ne doit pas dépasser le niveau logique d'une entrée du microcontrôleur, c'est-à-dire 5 V. Le schéma inclut donc une mise à niveau logique par la résistance R6 et la diode Zener D2 de 5,1 V.

La réalisation

Pour améliorer le fonctionnement, il a été choisi de réaliser un circuit en double face (**figures 9.4 et 9.5**). Le plan de masse obtenu évite l'emploi d'une surface métallique en arrière du montage, astuce souvent recommandée lors de l'utilisation d'un système à ultrasons. Les deux éléments ultrasonores seront soudés du côté soudure à la fin.

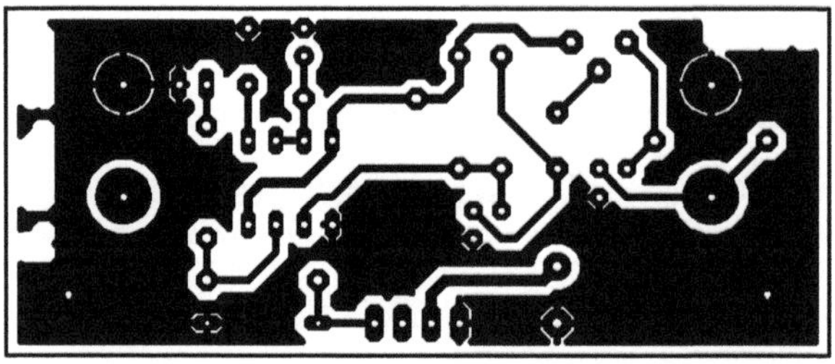

Figure 9.4.
Le circuit imprimé est un double face.

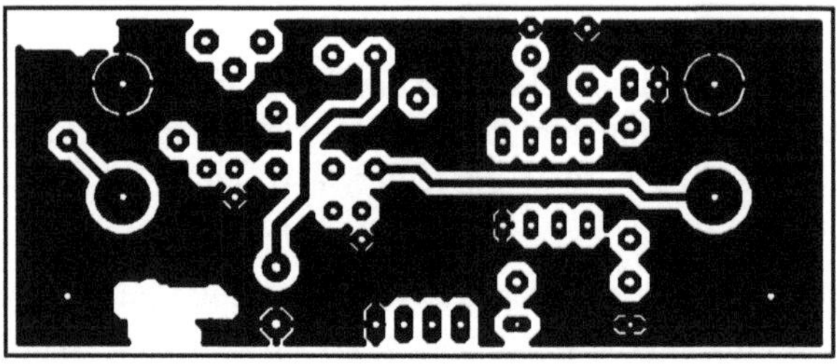

Figure 9.5.
La face côté composants sert de plan de masse.

Les composants passifs seront soudés en premier, à l'exception de C4 (**figure 9.6**), ensuite, ce sera au tour des deux transistors et du support pour le circuit intégré CI1. La Led sera coudée pour dépasser du circuit imprimé. Le condensateur C4 sera coudé pour être placé sous le récepteur US1.

Quelques soudures sont à faire du côté composants : sur R3 et C4, des deux côtés, sur D1, côté cathode. Pour finir, l'émetteur et le récepteur à ultrasons US1 et US2 seront placés côté cuivre et soudés côté composants.

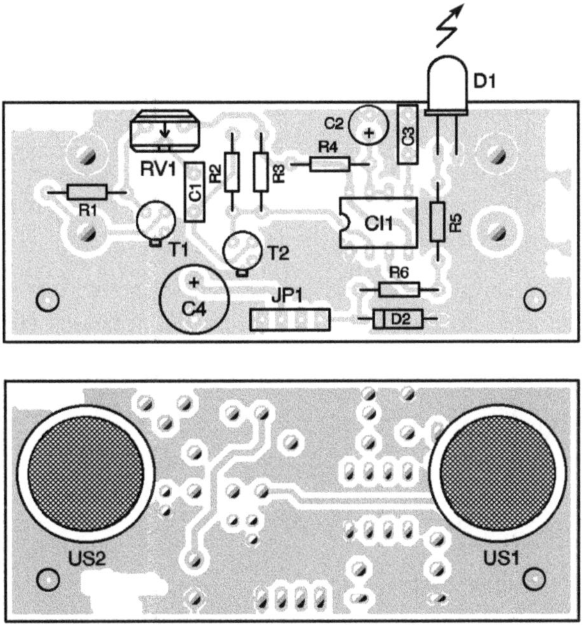

Figure 9.6.
L'implantation des composants doit respecter l'ordre indiqué dans le texte.

Liste des composants

Résistances :
R1 : 47 kΩ
(jaune, violet, orange, or)
R2 : 270 kΩ
(rouge, violet, jaune, or)
R3, R6 : 2,2 kΩ
(rouge, rouge, rouge, or)
R4 : 39 kΩ
(orange, blanc, orange, or)
R5 : 1 kΩ
(marron, noir, rouge, or)
Résistance variable :
RV1 : 22 kΩ (vertical)
Condensateurs :
C1 : 22 nF
C2 : 22 µF (radial 16 V)
C3 : 10 nF
C4 : 1 000 µF
(radial 16 V)
Semi-conducteurs :
T1, T2 : 2N2222
CI1 : LM555
D1 : Led 3 mm (verte)
D2 : Diode Zener
BZX55C 5,1 V
Divers :
US1, US2 : Ultrasons
(émetteur et récepteur)
1 support pour circuit
intégré : DIP8
JP1 : Nappe 3 fils

Remarques

Il peut être nécessaire de modifier la résistance d'entrée R1 en fonction de votre application, en augmentant ou réduisant sa valeur pour compenser le gain interne en courant du premier transistor T1.

L'installation

Il est possible de placer jusqu'à trois détecteurs à ultrasons sur l'avant de la plate-forme : l'un dirigé vers l'avant et les deux autres sur les côtés à quatre-vingt-dix degrés.

Enfin il faudra relier les cartes des détecteurs avec le connecteur de la carte à microcontrôleur. Les fils d'alimentation des trois détecteurs seront soudés sur la broche 1 pour le +Bat et 10 pour la masse. Les autres fils, transportant les états des détecteurs, seront soudés sur les entrées A, B et C du connecteur, c'est-à-dire 3, 8 et 9.

9.3 LA PROGRAMMATION

Observons un robot chauve-souris face à un obstacle. Il change de direction jusqu'à disparition de l'obstacle. La direction qui a été choisie arbitrairement est la droite. Rien ne nous empêche de choisir l'autre direction.

Nous allons programmer notre robot pour rester à l'écart des obstacles trop proches. Un obstacle détecté devant fera tourner le robot vers la droite, idem pour un obstacle sur la gauche, et un obstacle sur la droite le fera tourner vers la gauche. La combinaison de plusieurs obstacles, à droite, à gauche et/ou devant, doit aussi être gérée. Si un obstacle est à droite et à gauche, le robot doit continuer tout droit. Si tout est bloqué, alors il devra faire un demi-tour (voir le listing).

Les rotations que nous allons faire effectuer à notre robot chauve-souris sont des arcs de cercle et non des rotations sur place comme au chapitre précédent.

L'organigramme

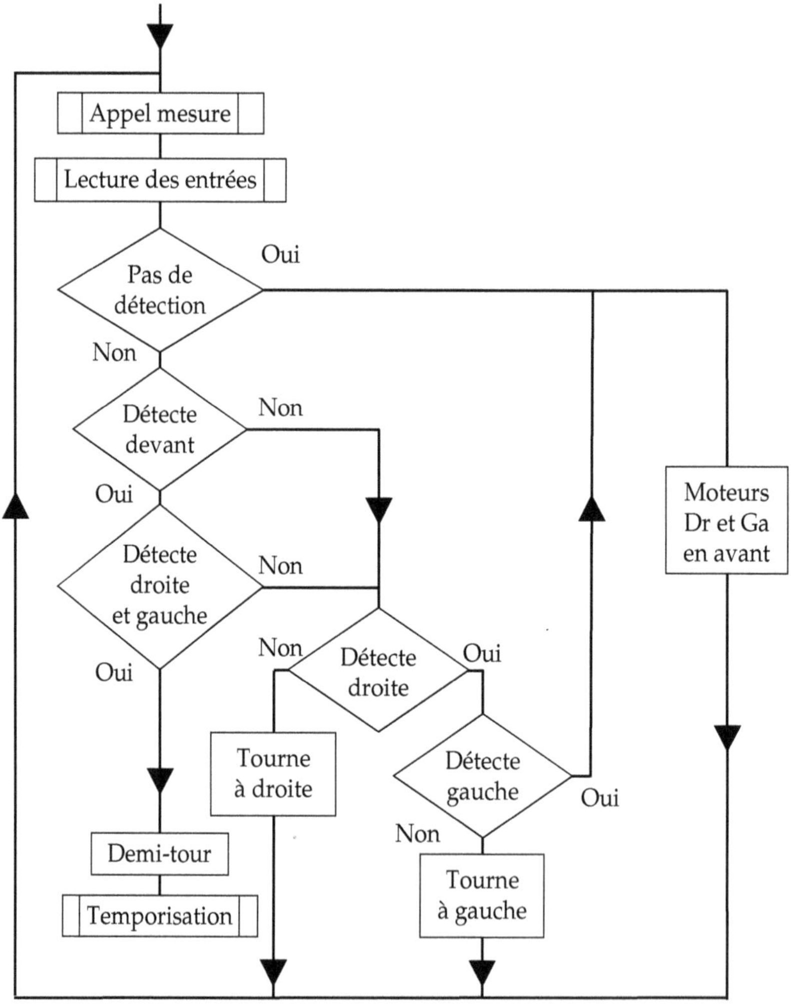

Le listing

Le listing doit être complété par les définitions suivantes et modifié par le programme qui suit.

```
;**********************************************
;           Définitions et constantes
;**********************************************
#define     Entree_A    PORTB,7     ; Détecteur gauche
#define     Entree_B    PORTB,2     ; Détecteur devant
#define     Entree_C    PORTB,1     ; Détecteur droit
;**********************************************
;            Programme chauve-souris
PROG
      call  CAN                    ; Lance une mesure CAN

      movf  PORTB,w                ; Lecture du Port B
      andlw b'10000110'            ; Masque les lignes inutiles
      btfsc STATUS,Z               ; Teste la présence d'obstacle
      goto  Test_avant

      btfss Entree_B               ; Teste un obstacle devant
      goto  Test_droit
      btfsc Entree_A               ; Teste un obstacle à gauche
      btfss Entree_C               ; Teste un obstacle à droite
      goto  Test_droit
      goto  Test_demi_tour

Test_avant                         ; Robot avance
      Sens_Dr_Av
      Sens_Ga_Av
      movf  CAN_Compt_Test,W       ; Lit la vitesse moyenne par RV1
      movwf MLI_rapport_Dr         ; Définit les nouvelles
      movwf MLI_rapport_Ga         ; vitesses droite et gauche
      goto  Test_Fin
Test_droit                         ; Robot arc de cercle à droite
      btfsc Entree_C               ; Teste un obstacle à droite
      goto  Test_gauche
      Sens_Dr_Av
      movf  CAN_Compt_Test,W       ; Lit la vitesse moyenne par RV1
      addlw 0x30                   ; Valeur à ajouter
      movwf MLI_rapport_Ga         ; On accélère le moteur gauche
      movf  CAN_Compt_Test,W       ; Lit la vitesse moyenne par RV1
      addlw 0xD0                   ; Valeur à soustraire
      movwf MLI_rapport_Dr         ; On ralentit le moteur droit
      goto  Test_Fin
Test_gauche                        ; Robot arc de cercle à gauche
      btfsc Entree_A
      goto  Test_avant
      Sens_Dr_Av
      movf  CAN_Compt_Test,W       ; Lit la vitesse moyenne par RV1
```

```
        addlw 0x30                  ; Valeur à ajouter
        movwf MLI_rapport_Dr        ; On accélère le moteur droit
        movf  CAN_Compt_Test,W      ; Lit la vitesse moyenne par RV1
        addlw 0xD0                  ; Valeur à soustraire
        movwf MLI_rapport_Ga        ; On ralentit le moteur gauche
        goto  Test_Fin
Test_demi_tour                      ; Robot effectue un demi-tour
        Sens_Dr_Ar
        movf  CAN_Compt_Test,W      ; Lit la vitesse moyenne par RV1
        movwf MLI_rapport_Dr        ; Définit les nouvelles
        movwf MLI_rapport_Ga        ; vitesses droite et gauche
        call  Tempo_250ms
        call  Tempo_250ms           ; Durée du demi-tour
        call  Tempo_250ms           ; à modifier en fonction
        call  Tempo_250ms           ; de la vitesse du robot
Test_Fin
        goto  PROG                  ; Programme exécuté en boucle
;*************************************************
```

9.4 OBSERVATIONS ET DISCUSSIONS

L'utilisation d'ultrasons pour détecter des obstacles est plus fiable que les techniques précédentes (infrarouge). La distance de détection est plus grande. Un petit inconvénient quand même, la directivité trop forte ne permet pas une bonne détection pour un obstacle aux formes complexes. Un mur présente les meilleures garanties d'une bonne détection.

La plupart des robots utilisant cette technique comportent plusieurs capteurs à ultrasons.

Autres comportements

Sans vouloir trop compliquer le robot, il serait intéressant de le doter d'un moteur sur lequel les capteurs seraient placés. Plus simplement, on pourrait le munir d'un servomoteur de radiocommande pour modèle réduit qui s'arrêterait de tourner en présence d'un obstacle. Le robot, alors s'alignerait en sens inverse par rapport à l'obstacle.

CHAPITRE PAGE

10 CONCLUSION

L'ensemble de ces chapitres doit vous aider à démarrer des petits projets de robotique. La plupart des informations sur les capteurs et leurs interfaces associées sont exploitables directement avec des cartes à microprocesseur, sans autres formes de procès.

Il reste possible d'élaborer des robots intéressants sans avoir recours à la programmation et il suffit souvent d'un peu d'imagination sur la mécanique pour diminuer la complexité de l'électronique associée. Un de mes étudiants a réalisé une araignée (**photo 10.1**) dont les pattes ne comportaient qu'un seul moteur pour deux degrés de liberté : lever la patte et avancer ; de plus, chaque patte possédait deux mini-interrupteurs pour détecter un obstacle devant la patte et poser celle-ci sur le sol. Et tout cela sans électronique !

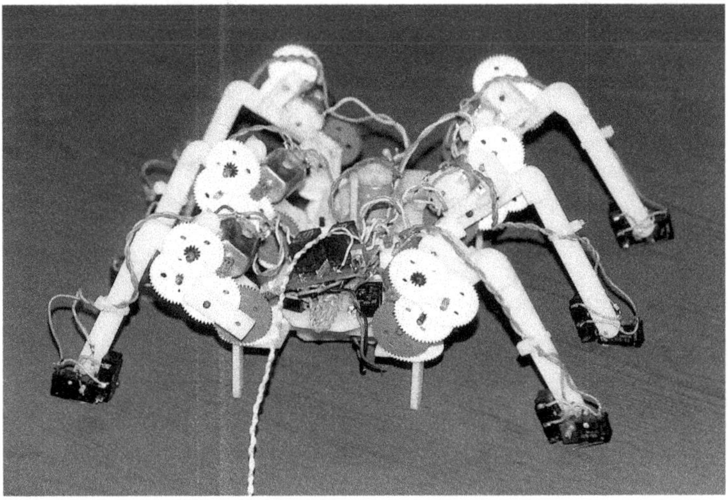

Photo 10.1.
Une Araignée.

On peut aussi réfléchir sur les fonctions que doivent réaliser nos robots. Des conséquences parfois inattendues et intéressantes sont obtenues lorsqu'on dérègle un robot. Un autre étudiant, par exemple, avait fait une petite erreur lors de la réalisation, cela avait eu pour conséquence de découvrir un comportement tout aussi intéressant que celui recherché initialement.

10.1 LA PROGRAMMATION

Un petit mot sur cette technique. Tous les robots étudiés dans ce livre sont des tremplins pour évoluer vers le robot de tous nos rêves. Et c'est bien là le problème : notre imagination est féconde en idées qui sont plus folles les unes que les autres. Il est malgré tout nécessaire de faire son propre apprentissage et de découvrir ses capacités. Et ce n'est qu'en fournissant au plus grand nombre d'entre nous ces connaissances que les robots deviendront utiles en fin de compte.

La programmation va représenter un degré de liberté supplémentaire, non pas pour nos robots, mais en fait pour notre imagination. Mais cela ne se fait pas sans douleur, car la programmation d'un microcontrôleur n'est pas une partie de plaisir. Il y a malgré tout quelques démarches intéressantes de la part des fabricants pour nous aider. Deux fabricants se démarquent dans cette jungle des processeurs : Motorola et Microchip, qui ont développé des composants devenus des vedettes dans le monde des robots. Les sites Internet qui leur sont consacrés sont très nombreux.

De nombreux schémas et dessins de circuits imprimés sont accessibles, libres de droits, afin de s'initier à ces composants. Les logiciels permettant de programmer ces composants sont tout aussi faciles à se procurer et les langages qui peuvent être utilisés vont du plus simple au plus compliqué : Basic, C, assembleur.

Sites Internet :

- *www.atmel.com*
- *www.microchip.com*
- *www.mcu.motsps.com*

La programmation par le jeu

Il semble difficile de passer sous silence la démarche de la société Lego auprès des enfants. Depuis 1998, on peut trouver des boîtes de construction Lego orientées robotique, dont deux surtout permettent d'imaginer des robots aussi ludiques que pratiques. Cette démarche permet aux enfants équipés d'un ordinateur de s'initier à la programmation de façon très simple. Tous les problèmes qui entourent cette technique et qui rebutent les plus hardis disparaissent avec l'approche choisie par Lego.

La partie matérielle (**photo 10.2**) est constituée d'une brique intelligente qui dialogue avec l'ordinateur par une liaison infrarouge. Différents capteurs peuvent être connectés sur la brique centrale, parmi lesquels on trouve des contacts, des capteurs de lumière, de réflexion, de température et de rotation. Trois sorties permettent de commander des moteurs ou des lumières. La **photo 10.3** présente un exemple de réalisation.

La partie logicielle est présente sur un CD-Rom qui s'installe tout seul, comme tous les produits sérieux. On peut suivre une présentation de toutes les étapes de programmation de la brique intelligente sous forme d'une petite vidéo. Une vérification est faite en même temps par le logiciel pour vérifier que l'on a bien

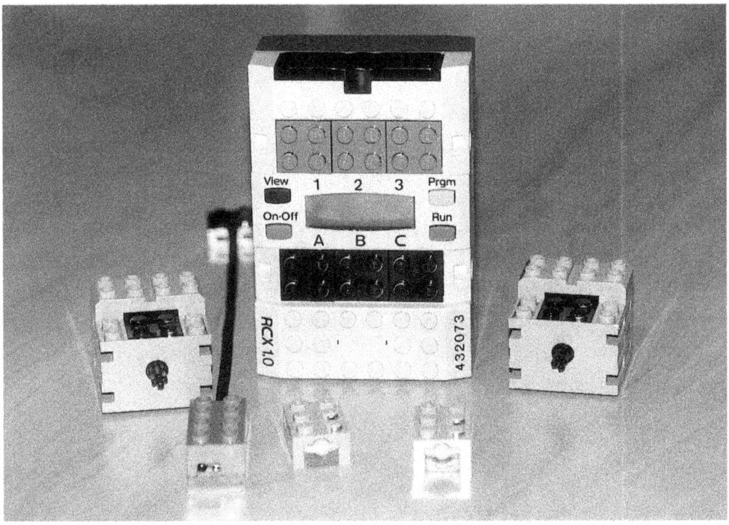

Photo 10.2.
La partie matérielle.

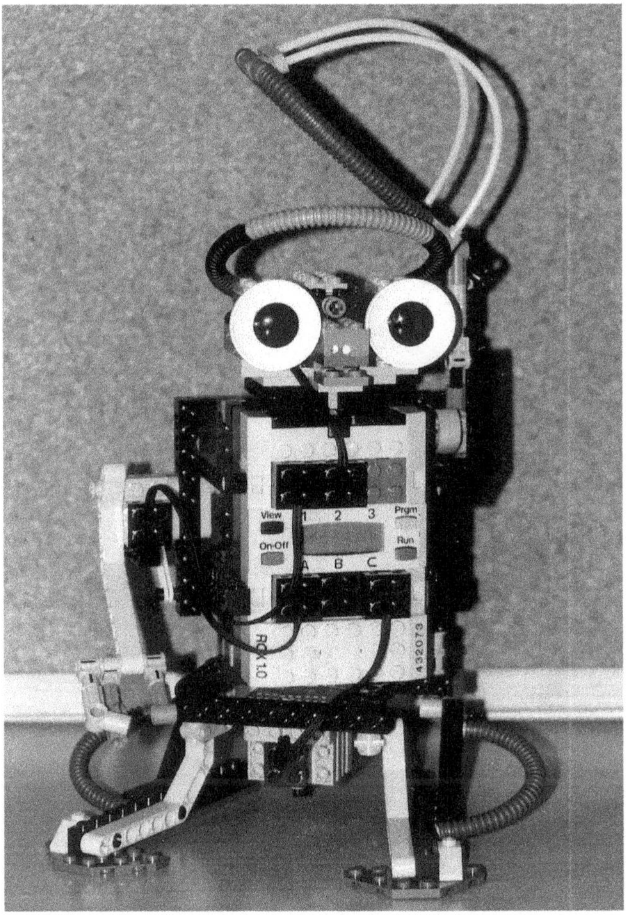

Photo 10.3.
Un exemple de réalisation.

assimilé l'étape et que la brique intelligente a bien reçu le programme de test. L'apprentissage de la programmation est progressif et le langage se présente sous une forme visuelle de carrés que l'on met les uns à la suite des autres. Chaque carré correspond à une fonction simple, lecture d'un capteur, commande d'un moteur ou attente d'une seconde par exemple.

Le monde de la robotique n'est donc pas réservé aux seuls initiés de l'électronique, et la démarche de Lego va dans le bon sens : celui de la découverte de notre avenir, à condition d'être des acteurs à part entière et non seulement des utilisateurs. Ce n'est qu'à cette condition que nous accepterons les robots de demain, pour les programmer en fonction de nos habitudes.

– *http://www.legomindstorms.com*

10.2 L'AVENIR DU ROBOT

Le robot : meilleur ami de l'homme

En mai 1999, Sony annonçait la naissance d'AIBO, le premier chien-robot (**photo 10.4**). La société japonaise avait inventé « l'animal de compagnie du XXIe siècle ».

Photo 10.4.
AIBO, le meilleur ami de l'homme.

L'avenir de la robotique est rose, à condition de rester du bon côté.

Toutes les recherches passées et à venir montrent que la robotique peut se révéler un outil précieux dans les cas où les limites de la physiologie humaine constituent un obstacle : par exemple dans les applications civiles et militaires, pour la surveillance et l'intervention sur site dangereux, ou dans le domaine médical, avec des microrobots capables de se déplacer dans le corps humain pour aller détruire une tumeur.

Mais n'oublions pas les robots domestiques, comme les fours intelligents, ou les cuisinières avec ordinateur qui proposeront le menu de la journée.

Attention à ne pas se perdre dans ce monde où tout évolue si vite. Il faut rester lucide, les robots ne sont pas intelligents et ils n'obéissent pas aux hommes. Ce sont des machines qui sont programmées pour réaliser des tâches. Si l'exécution de ces tâches semble aléatoire, il ne faut pas pour autant leur attribuer une vie, même artificielle, car ce n'est qu'une vue de notre esprit.

Les recherches les plus sérieuses sont réalisées, dans les plus grandes universités, sur les neurones artificiels. Cela permettra d'accroître les capacités de calcul des robots pour les ingénieurs en intelligence artificielle et de comprendre le fonctionnement de notre cerveau pour les biologistes.

Le robot apparaît ainsi moins comme une copie de l'homme que comme une expérience qui renvoie le chercheur au point de départ de toute expérience : l'être humain lui-même. Une fois de plus, nous voici appelés à relever le vieux défi socratique : « *Connais-toi toi-même* ».

Sites Internet :

- *http://www.world.sony.com/aibo*
- *http://www.personalrobots.com/main.html*
- *http://www.domotique.org*

RÉFÉRENCES

BIBLIOGRAPHIE

Frédéric GIAMARCHI – *Construisons nos robots mobiles.* Paris, Dunod, collection ETSF, 2001.

Frédéric GIAMARCHI – *Robots mobiles programmables.* Paris, Dunod, collection ETSF, 2002.

Roger ARRICK – *Robot Building for dummies.* Chichester, Wiley, 2003.

Pascal MAYEUX – *Apprendre la programmation des PIC par l'expérimentation et la simulation.* Paris, Dunod, collection ETSF, 2005.

Alain Reboux – *S'initier à la programmation des PIC.* Paris, Dunod, collection ETSF, 2002.

ADRESSES INTERNET

Internet est une source inépuisable d'informations sur la robotique. Les universités, aussi bien que les particuliers, nous y montrent leurs idées et leurs réalisations. Il est impossible de fournir une liste de tous les sites traitant de ce sujet, mais quelques adresses particulières vous permettront de *surfer* sur le Web à partir de leurs liens.

N'hésitez pas à naviguer sur les liens proposés et à sauvegarder les adresses lorsque vous trouvez des sites intéressants pour y retourner plus tard.

- Mon site ou vous trouverez, entre autres, des programmateurs de PIC16F84 à réaliser :
  - *http://www.geii.iut-nimes/fg*

Sites français sur la robotique

- Boutique de vente :
  - *http://www.robopolis.com*
- Revue en ligne sur la robotique :
  - *http://automatesintelligent.blog.lemonde.fr/*

Sites étrangers sur la robotique

- Site du MIT, pionnier en la matière :
  - *http://el.www.media.mit.edu/*
- Propose, entre autre, des robots solaires :
  - *http://www.solarobotics.com*
- Site regroupant différentes réalisations :
  - *http://www.robotstore.com*
- Site de Lego consacré à la robotique :
  - *http://www.legomindstorms.com*
- Site de Sony consacré à leur petite merveille :
  - *http://www.world.sony.com/aibo*

Sites divers

- Démo de Microsim gratuite, programmes de saisie de schéma et simulation :
  - *http://www.orcad.com/products/pspice*
- La société Multipower fournit un logiciel en démonstration : Areslite et Isislite pour la saisie de schéma et la conception de circuit imprimé. Facilité de prise en main :
  - *http://www.multipower-fr.com*
- Site de Eagle 4.13 Lite : programme complet mais limité par la taille du circuit imprimé :
  - *http://www.cadsoft.de*
- Site d'un fabricant de composants microcontrôleurs très à la mode
  - *http://www.microchip.com*

ADRESSES POSTALES

- Sony France
  15 rue Floréal
  75017 Paris
- LEGO S.A.
  16 rue Edmond Poillot
  28000 Chartres
- Meccano S.N.
  363 avenue de Saint-Exupéry
  62100 Calais

Lightning Source UK Ltd.
Milton Keynes UK
UKHW022302210721
4324UKFR00007B/241

9 782100 495146